LolliPop
Mathematik 3

Erarbeitet von
Dieter Eccarius
Dirk Kurhofer
Rüdiger Manthey
Jeanine Quandt

unter Beratung von
Iris Brecht
Renate Golisch-Presečki
Heide Hartig-Städele
Kerstin Middelhauve
Dr. Silvia Wessolowski

unter Mitarbeit
der Verlagsredaktion

illustriert von
Gabriele Teckemeier

Cornelsen

Inhalt

Wiederholung 5

Zahlen bis 1000 22

Längen 37

Körper 46

Addieren und Subtrahieren bis 1000 . 50

Einmaleins mit Zehnerzahlen 64

101	102	103	104	105	106	107	108	109	110
111	112	113	114	115	116	117	118	119	120
121	122	123	124	125	126	127	128	129	130
131	132	133	134	135	136	137	138	139	140
141	142	143	144	145	146	147	148	149	150
151	152	153	154	155	156	157	158	159	160
161	162	163	164	165	166	167	168	169	170
171	172	173	174	175	176	177	178	179	180
181	182	183	184	185	186	187	188	189	190
191	192	193	194	195	196	197	198	199	200

Flächen 70

Halbschriftliches Addieren und Subtrahieren 74

5 EURO
20 EURO
1 EURO
1 EURO CENT

12
1
2
3
4
5
6
7
8
9
10
11

LolliPop Mathematik 3

für das 3. Schuljahr

Erarbeitet von
Dieter Eccarius, Dirk Kurhofer,
Rüdiger Manthey, Jeanine Quandt

unter Beratung von
Iris Brecht, Stutensee
Renate Golisch-Presečki, Münster
Heide Hartig-Städele, Schorndorf
Kerstin Middelhauve, Düsseldorf
Dr. Silvia Wessolowski, Freiberg a. N.

Für Anregungen danken wir
Gertraud Dihlmann, Schwäbisch-Hall

Redaktion
Uwe Kugenbuch

Gestaltung und technische Umsetzung
medienfrech.de

Illustrationen
Gabriele Teckemeier
Stian Dahlslett (Titel)

Um die Wiederverwendbarkeit zu gewährleisten, darf in dieses Schulbuch nicht hineingeschrieben werden.

Zu diesem Schülerbuch gibt es:
Arbeitsheft Bestellnummer 513432
Computerstreifen Bestellnummer 511588
Würfel- und Quadernetz Bestellnummer 511570
Handpuppe Pop Bestellnummer 613178

Cornelsen online http://www.cornelsen.de

1. Auflage ✓€
Druck 4 3 2 1 Jahr 04 03 02 01

Alle Drucke dieser Auflage können im Unterricht nebeneinander verwendet werden.

Druck: CS-Druck Cornelsen Stürtz, Berlin

ISBN 3-464-51303-3

Bestellnummer 513033

gedruckt auf säurefreiem Papier, umweltschonend hergestellt aus chlorfrei gebleichten Faserstoffen

Wir werden dich durch dieses Schuljahr begleiten.

Pop zeigt dir zuerst, wo es im Arbeitsheft weitergeht.

Lolli zeigt dir, wo es im Buch weitergeht.

Folge den blauen Seitenzahlen. Wenn dir schon alles klar ist, kannst du auch den roten Seitenzahlen folgen.

Hier wird es schwieriger.

Bei diesen Aufgaben kannst du etwas entdecken.

Hier kannst du mit anderen Kindern zusammen arbeiten.

LolliPop

Auf den LolliPop-Seiten findest du Aufgaben zum Knobeln und Rätseln.

Beim Mathetraining kannst du bekannte Aufgaben wiederholen.

Wiederholung

1

a)
27 + 5
37 + 5
47 + 5
67 + 5
87 + 5

b)
60 − 5
62 − 7
64 − 9
66 − 11
68 − 13

c)
25 − 7
42 − 4
64 − 8
93 − 6
56 − 7

2

a)
64 = 58 + ☐
72 = 67 + ☐
84 = 76 + ☐
93 = 85 + ☐
64 = 55 + ☐

b)
78 = 82 − ☐
68 = 72 − ☐
58 = 62 − ☐
38 = 42 − ☐
18 = 22 − ☐

3

a) +5

58	
76	
89	
98	
37	

b) −6

75	
83	
	45
	57
	88

c)
64 —(+7)→ ☐ —(−3)→ ☐
92 —(+8)→ ☐ —(−5)→ ☐
45 —(−6)→ ☐ —(+7)→ ☐
24 —(+8)→ ☐ —(−8)→ ☐
36 —(+6)→ ☐ —(−5)→ ☐

d)
64 —(+20)→ ☐ —(+5)→ ☐
38 —(+30)→ ☐ —(+8)→ ☐
56 —(+5)→ ☐ —(+30)→ ☐
47 —(+40)→ ☐ —(+6)→ ☐
17 —(+50)→ ☐ —(+5)→ ☐

4

a) 10 | 20 | 10

b) 4 | 5 | 6

c) 5 | 10 | 15 | 5

d) 8 | 8 | 8 | 8

Bis 100 addieren und subtrahieren;
die bisher benutzten Darstellungsformen einsetzen

1 Das Hotel am See hat im 1. Stock 37 Betten und im 2. Stock 25 Betten.

2 Wie rechnest du?

a)	b)	c)	d)
46 + 38	34 + 58	29 + 39	47 + 26
73 + 19	45 + 37	65 + 25	45 + 28
68 + 25	74 + 17	36 + 56	43 + 19
43 + 48	28 + 68	48 + 28	39 + 34
57 + 37	58 + 35	17 + 57	36 + 47

3

Zahl	16	28	35	47	26	19				38	
das Doppelte							36	68	82		

4

a)	b)	c)	d)	e)
25 + 26	37 + 38	44 + 43	16 + 17	30 + 29
26 + 26	38 + 38	44 + 44	17 + 17	29 + 29
27 + 26	39 + 38	45 + 44	17 + 18	28 + 29

5

a)	b)	c)	d)	e)
35 + 36	28 + 29	48 + 49	36 + 38	27 + 26
48 + 47	46 + 45	13 + 11	45 + 46	17 + 19

6

a) + 30 →

25	
27	
49	
53	
61	

b) + 28 →

40	
45	
50	
55	
57	

c) + 37 →

12	
32	
42	
62	
22	

d) + 45 →

48	
45	
42	
39	
27	

Bis 100 gemischte Zehner addieren, verdoppeln und halbieren

1 Welche Zahlen liegen unter den Formen? Schreibe sie auf.

■ : 10, 19, …
▲ : 14, …
▬ : 36, …
● : 22, …

1	2	3	4	5	6	7	8	9	■
11	12	13	▲	15	16	17	18	■	20
21	●	●	▲	25	26	27	■	29	30
31	●	●	▲	35	▬	▬	▬	▬	▬
41	42	43	44	45	46	47	48	49	50
51	52	53	54	■	56	57	58	59	60
61	62	63	■	65	66	67	▲	69	70
71	72	■	74	75	76	77	▲	79	80
81	■	83	84	85	86	87	▲	89	90
■	92	93	94	95	96	97	98	99	100

2 Schreibe die fehlenden Zahlen auf.

a)

☐			
	35		
		☐	
			☐

b)

☐	☐
45	☐
☐	☐

c)

☐	27
☐	☐

d)

64	☐	
	☐	☐

e)

☐	☐	99	☐

f)

33	☐	☐
	☐	☐

g)

			☐
		☐	
	58		
☐			

3 Addiere über Kreuz. Was fällt dir auf? Suche eine Begründung.

24	25
34	35

24 + 35 = ☐
34 + 25 = ☐

a)

42	43
52	53

b)

19	20
29	30

c)

38	39
48	49

d)

17	18
27	28

e)

35	36
45	46

f)

16	17
26	27

g)

39	40
49	50

h)

43	44
53	54

i)

27	28
37	38

4 Rechne die Nachbarzahlen zusammen.
Ergebnisse in der 2. Reihe kannst du ganz einfach finden.

a)

7	8
27	28

b)

35	36
45	46

c)

18	19
38	39

d)

26	27
46	47

e)

17	18
47	48

5 Rechne die Zahlen in den Zahlenquadraten zusammen.
Was fällt dir auf? Suche eine Begründung.

a)

14	15
24	25

15	16
25	26

b)

16	17
26	27

17	18
27	28

6 Suche weitere Zahlenquadrate und rechne sie aus.

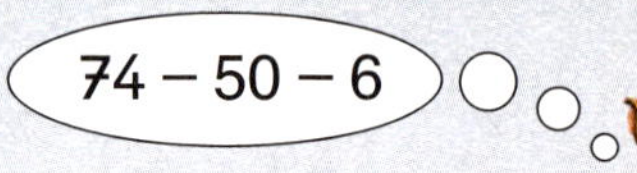

1 Die „Milan“ hat 74 Plätze. Auf dieser Fahrt sind nur 56 Plätze belegt.

2 Wie rechnest du?

a)	b)	c)	d)	e)
85 – 36	46 – 28	64 – 29	43 – 24	72 – 26
83 – 34	50 – 32	75 – 47	72 – 33	94 – 37
81 – 32	54 – 36	72 – 38	84 – 56	65 – 38
79 – 30	58 – 40	63 – 27	91 – 26	83 – 46
77 – 28	62 – 44	86 – 55	65 – 16	66 – 18

3

76 —(– 20)→ ☐ —(– 8)→ ☐

95 —(– 40)→ ☐ —(– 7)→ ☐

64 —(– 30)→ ☐ —(– 6)→ ☐

82 —(– 60)→ ☐ —(– 6)→ ☐

93 —(– 50)→ ☐ —(– 5)→ ☐

4 Schreibe immer drei Aufgaben ins Heft.

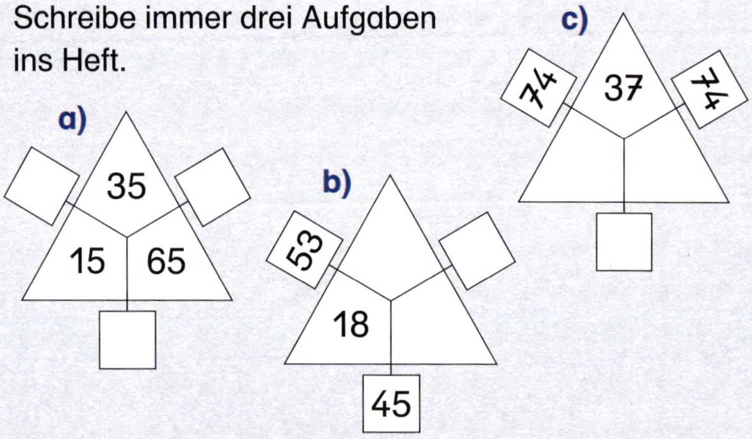

5 a) – 30 →

78	
	35
99	
	43
64	

b) – 44 →

80	
62	
	28
	37
88	

6

a)

100		
45		
20		

b)

72		
36		
18		

c)

81		
44		
22		

d)

50		
25		
12		

Bis 100 gemischte Zehner subtrahieren;
die bisher benutzten Darstellungsformen einsetzen

1 Wie spät ist es?

a) 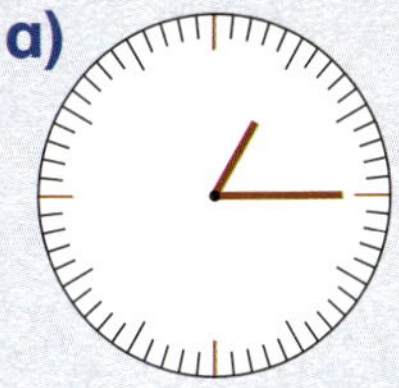
b) 
c) 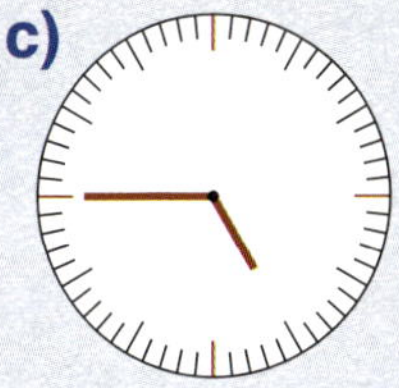
d) 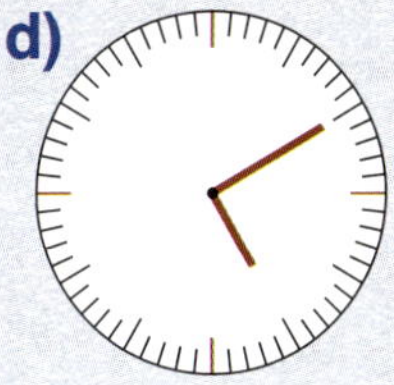
e) 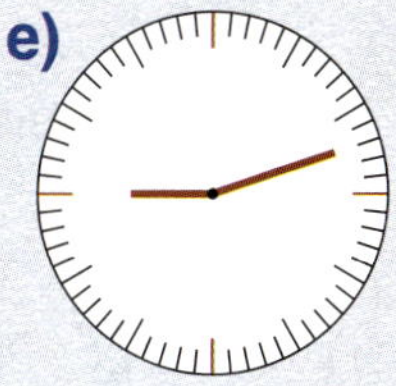

2 Stelle die Uhrzeiten mit deiner Uhr ein.
17:15 Uhr; 15:30 Uhr; 9:45 Uhr; 20:20 Uhr; 24:00 Uhr; 0:09 Uhr, 14:08 Uhr

3 Züge haben manchmal Verspätung. Wann ist dann die neue Abfahrtszeit?

Abfahrtszeit	13:05 Uhr	14:06 Uhr	16:14 Uhr	9:45 Uhr	12:13 Uhr
Verspätung	35 min	30 min	15 min	13 min	25 min
neue Abfahrtszeit					

4 Fahrpreise

Einfache Fahrt	Hin- und Rückfahrt	Einfache Fahrt	Hin- und Rückfahrt
35,00 €		27,00 €	
46,00 €		19,00 €	
38,00 €		48,00 €	

5

a)
36 € + 18 €
24 € + 48 €
56 € + 28 €
17 € + 34 €
46 € + 27 €

b)
46 € + 46 €
37 € + 37 €
49 € + 49 €
18 € + 18 €
28 € + 28 €

c)
27 € + ☐ = 50 €
48 € + ☐ = 100 €
8 € + ☐ = 20 €
34 € + ☐ = 100 €
46 € + ☐ = 70 €

❶ ❷ Uhrzeiten bestimmen; Zeitspannen berechnen
❹ ❺ Preise berechnen

1 Hier sind Ausschnitte aus einem Pflaster.
Schreibe passende Malaufgaben.

$2 \cdot 4 + 2 \cdot 4 = \square$

a) 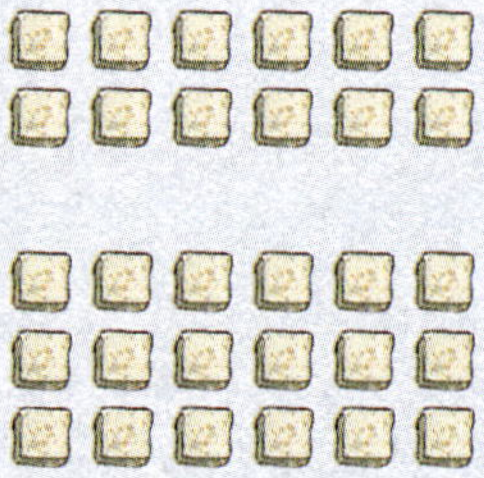

$2 \cdot 6 + 3 \cdot 6 = \square$

b) 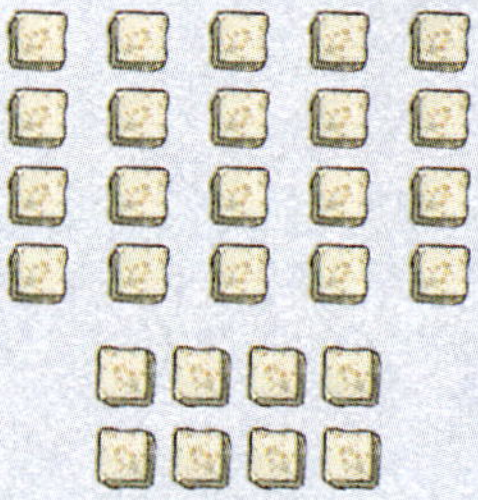

$4 \cdot 5 + 2 \cdot 4 = \square$

c) 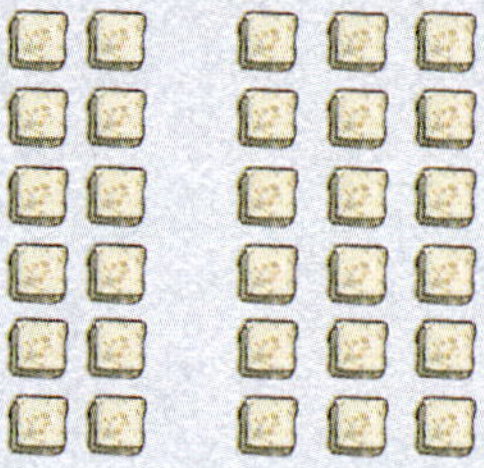

$6 \cdot 2 + 6 \cdot 3 = \square$

d) 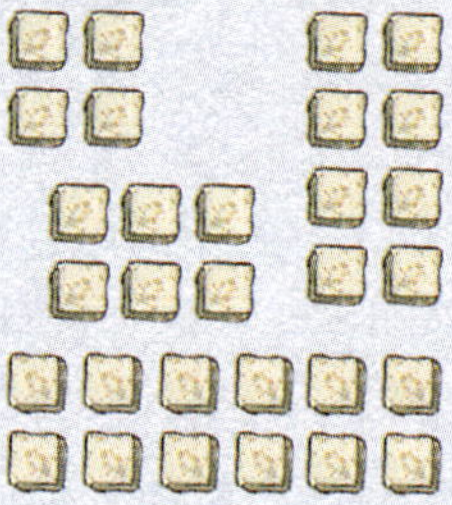

$2 \cdot 2 + 2 \cdot 3 +$
$4 \cdot 2 + 2 \cdot 6 = \square$

2 Suche Aufgaben mit dem Malkreuz. Rechne sie im Heft aus.

a) 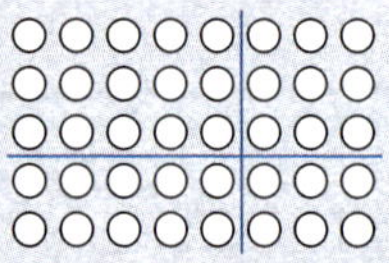

b) 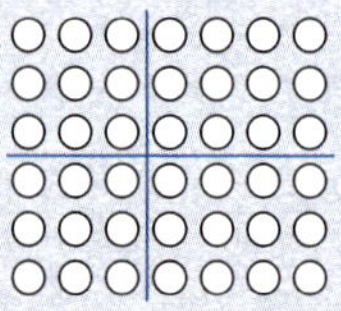

c) 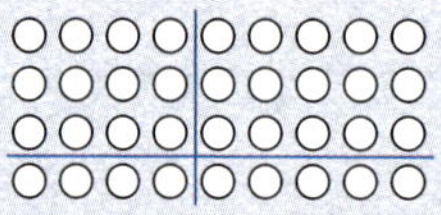

d) 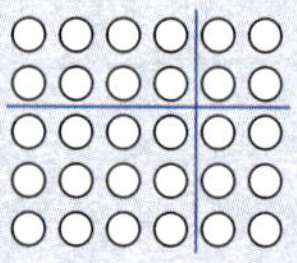

3 Zeichne andere Aufgaben mit Malkreuzen in dein Heft und schreibe die Aufgaben auf.

4 a) $2 \cdot 3 + 2 \cdot 3$
$4 \cdot 3 + 4 \cdot 3$
b) $5 \cdot 3 + 2 \cdot 3$
$5 \cdot 3 + 1 \cdot 3$
c) $10 \cdot 3 - 1 \cdot 3$
$10 \cdot 3 - 2 \cdot 3$
d) $10 \cdot 3 - 5 \cdot 3$
$10 \cdot 3 - 8 \cdot 3$

5 Rechne die Aufgaben im Heft.

0 · 6	1 · 6	2 · 6		5 · 6			9 · 6	10 · 6
			18		36	42		

6 a) $4 \cdot 6$, $5 \cdot 6$, $6 \cdot 6$
b) $10 \cdot 6$, $9 \cdot 6$, $8 \cdot 6$
c) $2 \cdot 6$, $4 \cdot 6$, $0 \cdot 6$
d) $3 \cdot 6$, $1 \cdot 6$, $7 \cdot 6$

7 a) $2 \cdot 3$, $4 \cdot 3$, $8 \cdot 3$
b) $10 \cdot 3$, $5 \cdot 3$, $6 \cdot 3$
c) $3 \cdot 3$, $9 \cdot 3$, $7 \cdot 3$
d) $0 \cdot 3$, $1 \cdot 3$, $2 \cdot 3$

Wiederholung Einmaleins;
Addition und Subtraktion von Einmaleinsaufgaben

Mir fehlen nur noch vier Einmaleinsaufgaben, dann ist mein Merkeinmaleins vollständig.

Ja, und dann haben wir die ganze Neunerreihe …

… und mir fehlen nur noch vier Einmaleinsergebnisse.

… und die ganze Siebenerreihe …

Pops Merkeinmaleins

1 · 1	2 · 1	3 · 1	4 · 1	5 · 1	6 · 1	7 · 1	8 · 1	9 · 1	10 · 1
1 · 2	2 · 2	3 · 2	4 · 2	5 · 2	6 · 2	7 · 2	8 · 2	9 · 2	10 · 2
1 · 3	2 · 3	3 · 3	4 · 3	5 · 3	6 · 3	7 · 3	8 · 3	9 · 3	10 · 3
1 · 4	2 · 4	3 · 4	4 · 4	2 · 4	6 · 4	7 · 4	8 · 4	9 · 4	10 · 4
1 · 5	2 · 5	3 · 5	4 · 5	5 · 5	6 · 5	7 · 5	8 · 5	9 · 5	10 · 5
1 · 6	2 · 6	3 · 6	4 · 6	5 · 6	6 · 6	7 · 6	8 · 6	9 · 6	10 · 6
1 · 7	2 · 7	3 · 7	4 · 7	5 · 7	6 · 7		8 · 7		10 · 7
1 · 8	2 · 8	3 · 8	4 · 8	5 · 8	6 · 8	7 · 8	8 · 8	9 · 8	10 · 8
1 · 9	2 · 9	3 · 9	4 · 9	5 · 9	6 · 9		8 · 9		10 · 9
1 · 10	2 · 10	3 · 10	4 · 10	5 · 10	6 · 10	7 · 10	8 · 10	9 · 10	10 · 10

Ninas Merkeinmaleins

·	1	2	3	4	5	6	7	8	9	10
1	1	2	3	4	5	6	7	8	9	10
2	2	4	6	8	10	12	14	16	18	20
3	3	6	9	12	15	18	21	24	27	30
4	4	8	12	16	20	24	28	32	36	40
5	5	10	15	20	25	30	35	40	45	50
6	6	12	18	24	30	36	42	48	54	60
7	7	14	21	28	35	42		56		70
8	8	16	24	32	40	48	56	64	72	80
9	9	18	27	36	45	54		72		90
10	10	20	30	40	50	60	70	80	90	100

1 Woher haben wir die vielen Aufgaben aus der Siebenerreihe und der Neunerreihe?

Wir haben auch immer die Tauschaufgaben aufgeschrieben.

Schreibe diese Aufgaben auf.

1 Mit Siebenmeilenstiefeln durch die Siebenerreihe
vorwärts 7, 14, ☐, ☐, ☐, ☐, ☐, ☐, ☐, 70, ☐, ☐, ☐,
und zurück 77, 70, ☐, ☐, ☐, ☐, ☐, ☐, ☐, ☐, ☐.

2 Übertrage die Tabelle in dein Heft und fülle sie aus.

0 · 7	1 · 7	2 · 7									
					35						77

3 Eine Woche hat sieben Tage.

Wochen	1	2			4	9	
Tage	7		35	70			84

4 In Nordrhein-Westfalen haben die Kinder 2 Wochen Osterferien, 6 Wochen Sommerferien, 2 Wochen Herbstferien und 2 Wochen Weihnachtsferien. Wie viele Tage sind das?

5 Finde heraus, wie lang die Ferien in den anderen Bundesländern sind und berechne die Ferientage.

6 In Italien haben die Kinder 12 Wochen Sommerferien. Wie viele Tage sind das?

7 In den letzten Sommerferien war Julian drei Wochen bei seiner Oma zu Besuch. Wie viele Tage waren das?

8 Zwischen Ostern und Pfingsten liegen immer 49 Tage. Wie viele Wochen sind das?

9 Schreibe die Aufgaben in dein Heft und rechne sie aus.

a) 14 Tage sind ☐ Wochen und ☐ Tage.
b) 17 Tage sind ☐ Wochen und ☐ Tage.
c) 73 Tage sind ☐ Wochen und ☐ Tage.
d) 2 Wochen und 5 Tage sind ☐ Tage.
e) 5 Wochen und 1 Tag sind ☐ Tage.

Zusätzliche Erarbeitung der Siebenerreihe;
Übungen zur Siebenerreihe; Text- und Erkundungsaufgaben

13 13

1 Finde weitere Möglichkeiten, indem du Aufgaben aus bekannten Einmaleinsreihen addierst oder subtrahierst. Schreibe die Aufgaben in dein Heft.

2 Peter behauptet: „Wenn ich 8 · 9 rechnen soll, dann rechne ich einfach 8 · 10 und ziehe 8 ab.“ Iris antwortet: „Und wenn ich 6 · 9 rechnen will, dann rechne ich 6 · 10 und ziehe 6 ab.“ Kannst du den Rechenweg von Peter und Iris erklären?

3 Übertrage die Tabelle in dein Heft und fülle sie aus.

0 · 9	1 · 9	2 · 9									
					45						99

4 Sieh dir die Ergebnisse der Neunerreihe genau an. Was fällt dir auf? Tipp: Addiere die Zehner- und die Einerziffer.

5 Pop hat noch ein kleines Problem. Er fragt Nina: „Warum ist zehn mal elf nicht hundertelf?“

6 Julian hat Tütchen mit Sammelbildern gekauft. Am Montag 3 Tütchen, am Dienstag 4, am Donnerstag 2 und am Samstag 5 Tütchen. In jeder Packung waren 9 Bilder.

Zusätzliche Erarbeitung der Neunerreihe;
Addition der Dreier- und Sechserreihe; Subtraktion der Zweier- von der Elferreihe;
Beziehungen zwischen Einmaleinsreihen

1

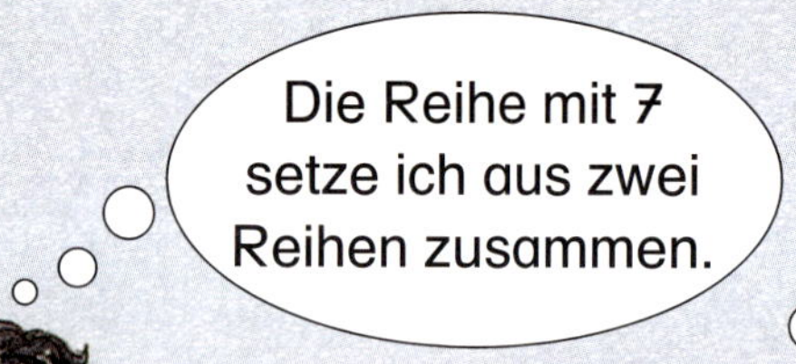

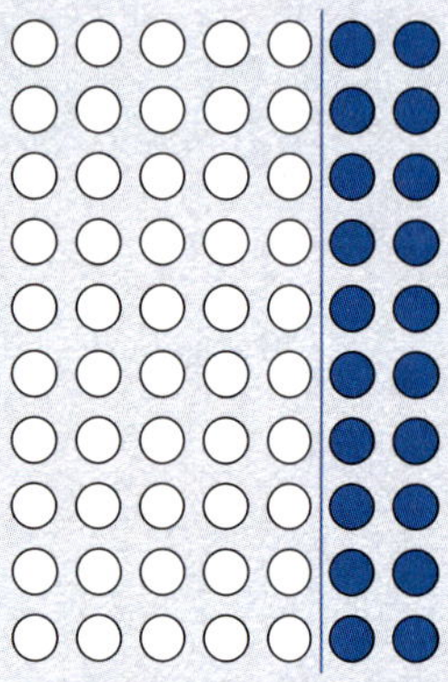

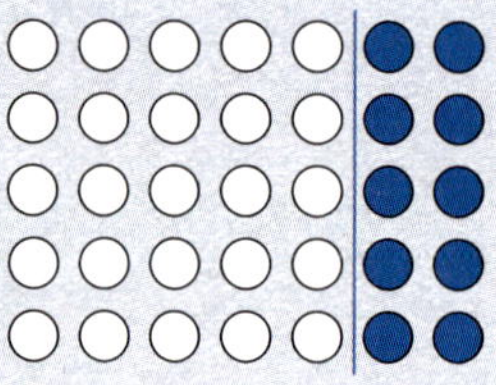

$5 \cdot 7 = 5 \cdot 5 + 5 \cdot 2$

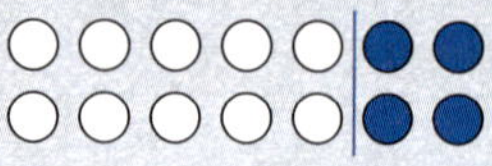

$2 \cdot 7 = 2 \cdot 5 + 2 \cdot 2$

a) $5 \cdot 7$, $6 \cdot 7$, $10 \cdot 7$, $9 \cdot 7$, $0 \cdot 7$

b) $2 \cdot 7$, $4 \cdot 7$, $8 \cdot 7$, $1 \cdot 7$, $3 \cdot 7$

2

a)	b)	c)	d)	e)
$7 \cdot 0$	$7 \cdot 2$	$0 \cdot 7$	$8 \cdot 7$	$9 \cdot 7$
$7 \cdot 5$	$7 \cdot 4$	$5 \cdot 7$	$10 \cdot 7$	$7 \cdot 7$
$7 \cdot 6$	$7 \cdot 8$	$6 \cdot 7$	$1 \cdot 7$	$5 \cdot 7$
$7 \cdot 10$	$7 \cdot 9$	$4 \cdot 7$	$3 \cdot 7$	$8 \cdot 7$
$7 \cdot 1$	$7 \cdot 3$	$9 \cdot 7$	$2 \cdot 7$	$6 \cdot 7$

3

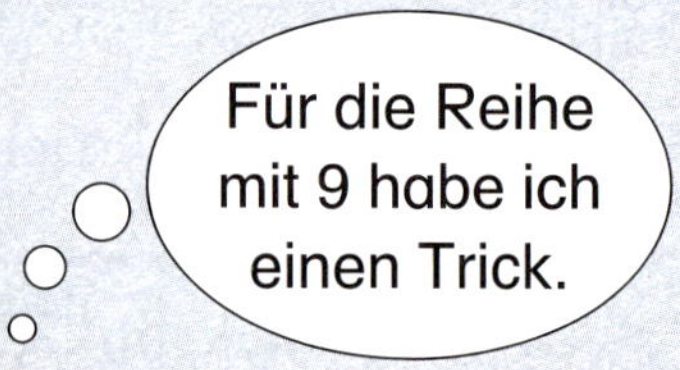

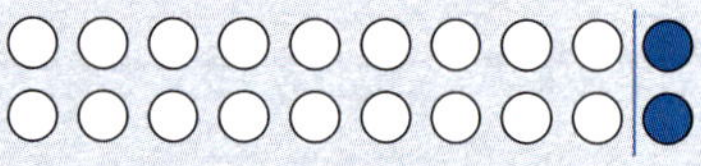

$2 \cdot 9 = \square$
$2 \cdot 10 = \square$
$2 \cdot 1 = \square$
$\square - \square = \square$

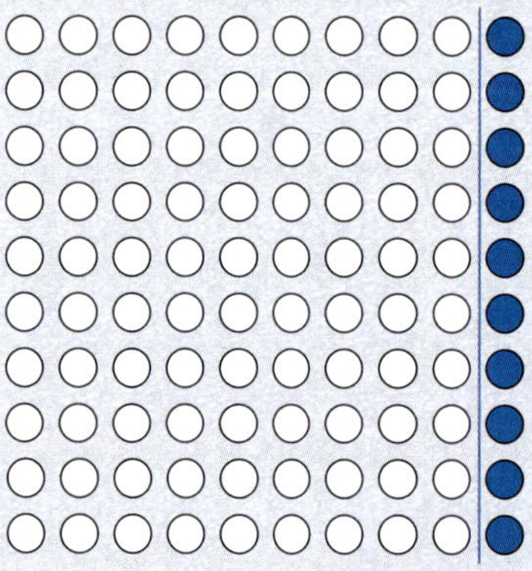

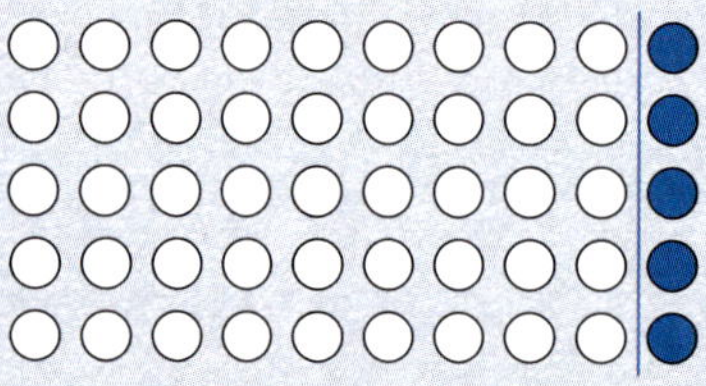

$5 \cdot 9 = \square$
$5 \cdot 10 = \square$
$5 \cdot 1 = \square$
$\square - \square = \square$

4

a)	b)	c)	d)
$1 \cdot 9$	$5 \cdot 9$	$0 \cdot 9$	$10 \cdot 9$
$2 \cdot 9$	$7 \cdot 9$	$3 \cdot 9$	$9 \cdot 9$
$4 \cdot 9$	$6 \cdot 9$	$6 \cdot 9$	$8 \cdot 9$

5

a)	b)
$2 \cdot 9 + 3 \cdot 9$	$2 \cdot 9 + 1 \cdot 9$
$4 \cdot 9 + 1 \cdot 9$	$5 \cdot 8 - 2 \cdot 9$
$10 \cdot 9 - 2 \cdot 9$	$10 \cdot 9 - 1 \cdot 9$

6 Schreibe Aufgaben zur Siebener- und Neunerreihe in dein Malaufgabenbuch.

Übungen zur Siebener- und Neunerreihe;
Addition und Subtraktion bekannter Einmaleinsreihen;
Malaufgabenbuch vervollständigen

1

2

a)
3 · 6 = 2 · ☐
6 · 4 = ☐ · 3
☐ · 4 = 2 · 6
9 · 3 = ☐ · 9

b)
☐ · 4 = 2 · 8
4 · 10 = 5 · ☐
6 · ☐ = 7 · 6
9 · ☐ = 6 · 9

c)
8 · 0 = 7 · ☐
☐ · 3 = 5 · 6
5 · 2 = 1 · ☐
8 · 9 = ☐ · 8

3 Übertrage die Tabellen in dein Heft und fülle sie aus.
Kreise gemeinsame Ergebniszahlen ein.

a)

Reihe mit 3	3	6			
Reihe mit 6	6	12			
Reihe mit 9	9	18			
Reihe mit 1	1	2			

b)

Reihe mit 2	2	4			
Reihe mit 4	4	8			
Reihe mit 8	8	16			
Reihe mit 6	6	12			

4 Übertrage in dein Heft und rechne weiter. Was fällt dir auf?
Finde eine Begründung.

a)

vor	zurück	zusammen
3	20	23
6	18	24
9	16	.
.	.	.
.	.	.

b)

vor	zurück	zusammen
8	40	48
16	36	52
.	.	.
.	.	.
.	.	.

c)

zurück	vor	Unterschied
70	3	67
63	6	57
.	.	.
.	.	.
28	21	7

5 Bilde weitere Aufgaben.

1 Wie viele Malaufgaben mit 7 kannst du höchstens in der Siebenerreihe bis 100 finden?

2 Wie viele Malaufgaben mit der 9 kannst du höchstens in der Neunerreihe bis 100 finden?

3 Wie weit musst du in den Aufgaben **1** und **2** über den Hunderter hinausgehen, um genau drei Malaufgaben dazu schreiben zu können?

1	2	3	4	5	6	7	8	9	10
11	12	13	14	15	16	17	18	19	20
21	22	23	24	25	26	27	28	29	30
31	32	33	34	35	36	37	38	39	40
41	42	43	44	45	46	47	48	49	50
51	52	53	54	55	56	57	58	59	60
61	62	63	64	65	66	67	68	69	70
71	72	73	74	75	76	77	78	79	80
81	82	83	84	85	86	87	88	89	90
91	92	93	94	95	96	97	98	99	100

4 Welche Zahlen auf der Hundertertafel gehören zur Viererreihe und zur Achterreihe?

5 Welche Zahlen auf der Hundertertafel gehören zur Sechserreihe und zur Neunerreihe?

6 Welche Zahlen auf der Hundertertafel gehören zur Dreier- und Siebenerreihe?

7 Schreibt eure Lieblingseinmaleinsaufgaben auf und lasst sie von eurem Partner ausrechnen. Überprüft dann, ob er richtig gerechnet hat.

8 Wenn ich meine Zahl durch 7 teile und dann das Ergebnis durch 3 teile, erhalte ich 2. Wie heißt meine Zahl?

9 Wenn ich meine Zahl mit 3 malnehme und dann das Ergebnis mit 9 malnehme, erhalte ich 81. Wie heißt die Zahl?

10 Zwischen 30 und 40 gibt es mehrere Zahlen aus dem Einmaleins.
a) Wie heißen diese Zahlen?
b) In welchen Einmaleinsreihen kommen sie vor?

a)	b)	c)	d)
40 + 49	27 + 40	54 + 26	45 + 17
60 + 27	43 + 20	37 + 33	55 + 12
50 + 36	56 + 10	41 + 19	35 + 29
70 + 15	39 + 60	68 + 22	25 + 58
20 + 68	14 + 30	23 + 47	15 + 66

44 60 62 63
64 66 67 67
70 70 80 81
83 85 86 87
88 89 90 99

Übungen zu verschiedenen Einmaleinsreihen im Zahlenraum bis 100;
Einmaleinswettbewerb mit Aufgaben über 10 mal x hinaus

1

a)	b)	c)
15 : 3	25 : 5	72 : 8
12 : 3	50 : 5	24 : 8
24 : 3	10 : 5	32 : 8
9 : 3	20 : 5	64 : 8
18 : 3	15 : 5	56 : 8

d)	e)	f)
18 : 9	20 : 2	14 : 7
36 : 9	4 : 2	28 : 7
72 : 9	8 : 2	56 : 7
27 : 9	16 : 2	70 : 7
54 : 9	10 : 2	63 : 7

2

a)

: 4	→
16	
24	
	3
	7
20	

b)

: 6	→
30	
	6
54	
	4
	8

c)

: 8	→
72	
56	
48	
32	
	5

d)

: 7	→
35	
42	
28	
	9
	8

e)

: 9	→
81	
	7
	5
72	
18	

3 Suche zu den Zahlen möglichst viele Durchaufgaben und rechne sie aus.

21 : 7 = □
21 : 3 = □

a) 21, 24, 42 **b)** 36, 54, 12 **c)** 18, 72, 45

4 Schreibe die Muudis zu den Bildern. Du musst immer die Tauschaufgabe und die Umkehraufgabe bilden.

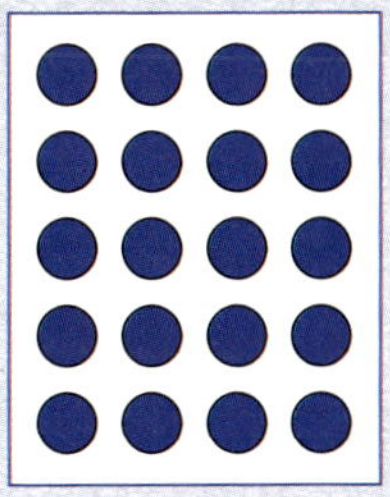

a)

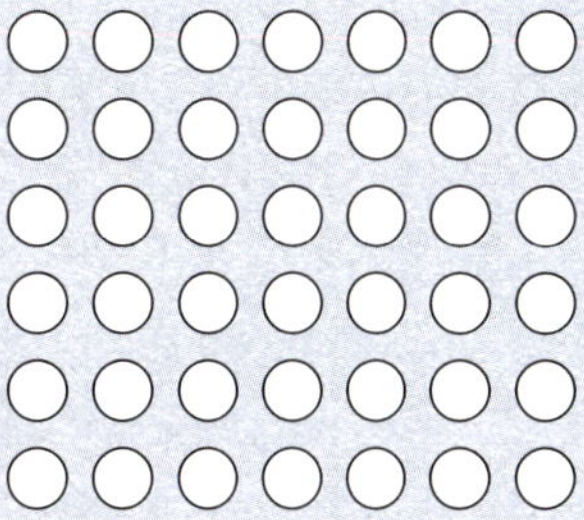

b)

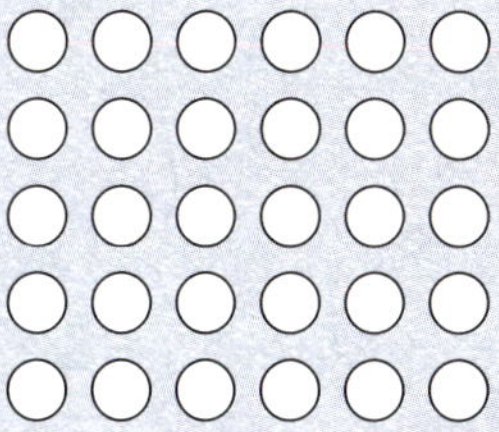

c)

5 Schreibe die Muudis in dein Heft.

a) 72 : 9 = □ **b)** 9 · 3 = □ **c)** 42 : 7 = □ **d)** 24 : 8 = □ **e)** 7 · 4 = □

1

a)	b)	c)	d)
49 : 7	27 : 3	80 : 8	54 : 6
48 : 7	26 : 3	76 : 8	51 : 6
47 : 7	25 : 3	72 : 8	48 : 6
46 : 7	24 : 3	68 : 8	45 : 6
45 : 7	23 : 3	64 : 8	42 : 6
44 : 7	22 : 3	60 : 8	39 : 6
43 : 7	21 : 3	56 : 8	36 : 6
42 : 7	20 : 3	52 : 8	33 : 6
41 : 7	19 : 3	48 : 8	30 : 6

2

a)	b)	c)
28 = 5 · 5 + □	27 = 3 · 9 − □	65 = □ · 8 + 1
32 = 8 · 4 + □	46 = 8 · 6 − □	75 = □ · 9 + 3
51 = 6 · 8 + □	53 = 7 · 8 − □	45 = □ · 7 + 3
23 = 4 · 5 + □	69 = 9 · 8 − □	30 = □ · 4 + 2
44 = 7 · 6 + □	38 = 6 · 7 − □	50 = □ · 6 + 2

3 Zerlege die Zahlen ebenso.

a) 19, 22, 26 **b)** 34, 43, 47 **c)** 52, 58, 67 **d)** 85, 96, 23

4 Rechne auch die Probeaufgabe.

26 : 6 = 4 Rest 2
4 · 6 + 2 = 26

a)	b)	c)	d)	e)
27 : 5	34 : 7	66 : 8	49 : 5	22 : 3
83 : 9	32 : 8	27 : 3	55 : 7	59 : 8
29 : 4	74 : 9	38 : 7	35 : 4	51 : 9
30 : 7	22 : 4	45 : 9	68 : 9	47 : 6
43 : 8	36 : 4	40 : 6	54 : 8	38 : 5

Divisionsaufgaben und Zahlzerlegungen (Multiplikation und Addition bzw. Subtraktion) mit und ohne Rest

1 Übertrage ins Heft und setze das richtige Zeichen: <, > oder =.

a)	b)	c)
5 · 7 + 12 ◯ 42	10 · 6 – 15 ◯ 45	2 · 8 + 15 ◯ 32
6 · 7 + 42 ◯ 68	9 · 6 – 25 ◯ 29	4 · 8 + 24 ◯ 48
4 · 7 + 16 ◯ 45	5 · 6 – 14 ◯ 17	8 · 8 + 17 ◯ 80
10 · 7 + 32 ◯ 100	6 · 6 – 18 ◯ 18	5 · 8 + 13 ◯ 53
9 · 7 + 16 ◯ 74	7 · 6 – 26 ◯ 26	7 · 8 + 26 ◯ 83

2 Übertrage in dein Heft und rechne weiter. Was entdeckst du?
Findest du eine Begründung?

a)

Start								Ziel
2	· 9 →	18	+ 13 →	☐	– 22 →	☐	: 9 →	☐
3	· 9 →	☐	+ 13 →	☐	– 22 →	☐	: 9 →	☐
4	· 9 →	☐	+ 13 →	☐	– 22 →	☐	: 9 →	☐
⋮		⋮		⋮		⋮		⋮
10	· 9 →	☐	+ 13 →	☐	– 22 →	☐	: 9 →	☐

b)

1	· 7 →	☐	+ 27 →	☐	– 13 →	☐	: 7 →	☐
2	· 7 →	☐	+ 27 →	☐	– 13 →	☐	: 7 →	☐
⋮		⋮		⋮		⋮		⋮
10	· 7 →	☐	+ 27 →	☐	– 13 →	☐	: 7 →	☐

a) 70 – 6
80 – 5
40 – 8
60 – 9
50 – 7

b) 75 – 4
65 – 8
95 – 6
55 – 7
35 – 3

c) 67 – 20
87 – 50
57 – 40
97 – 70
87 – 40

d) 44 – 23
73 – 25
96 – 43
81 – 54
42 – 19

17, 21, 23, 27, 27, 32, 32, 37, 43, 47, 47, 48, 48, 51, 53, 57, 64, 71, 75, 89

3 Übertrage ins Heft und setze die richtigen Zeichen: +, –, · oder :.

a)	b)
5 · 4 = 40 ◯ 20	70 ◯ 2 = 7 ◯ 5
7 · 5 = 15 ◯ 20	54 ◯ 6 = 1 ◯ 9
18 ◯ 3 = 48 ◯ 8	72 ◯ 9 = 100 ◯ 19
17 ◯ 23 = 5 · 8	42 ◯ 7 = 48 ◯ 8
27 ◯ 27 = 64 – 63	71 ◯ 8 = 7 ◯ 9

c)	d)
26 ◯ 26 = 7 ◯ 6	7 ◯ 7 ◯ 7 = 42
35 ◯ 14 = 63 ◯ 14	7 ◯ 7 ◯ 7 = 7
81 ◯ 9 = 63 ◯ 7	7 ◯ 7 ◯ 7 = 21
12 ◯ 3 = 32 ◯ 8	7 ◯ 7 ◯ 7 = 8
45 ◯ 9 = 88 ◯ 34	7 ◯ 7 ◯ 7 = 56

4 Schreibe Aufgaben auf, die beim Teilen durch 7 den Rest 2 haben.

Größer, kleiner oder gleich;
Verbindung der vier Grundrechenarten in Rechenketten;
Strukturen entdecken

Es spielen 2 oder mehr Spieler mit dem eigenen Spielplan.

Benötigtes Material: 3 Rechenwürfel (Zehnerwürfel); 10 Plättchen oder Spielfiguren

Regel: Nach Absprache wird eine bestimmte Einmaleinsreihe aufgebaut, z. B.: Reihe mit 5. Es wird abwechselnd mit 3 Würfeln gewürfelt. Die Würfelzahlen dürfen verknüpft werden mit $\cdot$, $+$, $-$

2, 6, 3 → $2 \cdot 6 + 3 = 15$

Hinweis: Es müssen nicht alle Würfel eingesetzt werden.

Die gefundene Einmaleins-Zahl wird mit einem Plättchen abgedeckt. Sieger ist, wer zuerst alle Ergebnisfelder in einer Einmaleinsreihe abgedeckt hat.

1 Rechne im Kopf.
Gib nacheinander nur die Ergebnisse ein.
Wenn alle Aufgaben gerechnet sind, drehe den Taschenrechner auf den Kopf.

45 : 9	Eingabe	5	5
7 : 7	Eingabe	1	51
24 : 8	Eingabe	3	513
Taschenrechner drehen			EIS

a) 15 : 5 | 81 : 9 | 12 : 4 | 6 : 6 | 14 : 7

b) 49 : 7 | 27 : 9 | 30 : 6 | 15 : 5

c) 24 : 8 | 63 : 9 | 49 : 7 | 18 : 6 | 72 : 9 | 7 : 7 | 56 : 8

d) 21 : 3 | 27 : 9 | 72 : 8 | 9 : 9

2 Diktiere deinem Partner Malaufgaben. Ihr gebt nur die Ergebnisse in den Taschenrechner ein und drückt dann jedesmal die [+]-Taste. Am Schluss drückt ihr [=] und vergleicht eure Ergebnisse.
Notiert zur Kontrolle die Aufgaben.

6 · 8	Eingabe	4	8	+	48
3 · 7	Eingabe	2	1	+	69
5 · 9	Eingabe	4	5	=	114

Erfinde Aufgabenreihen mit dem Ergebnis 100 oder anderen „besonderen" Ergebnissen.

3 21 gewinnt
Gespielt wird mit **einem** Taschenrechner. Es wird abwechselnd eingegeben.
Es dürfen nur die Tasten [1] [2] [3] und [+] benutzt werden. Gewonnen hat, wer nach dem Drücken von [+] genau [21] erreicht.

Erster gezielter Einsatz des Taschenrechners:
Das motivierende Arbeitsmittel wird zum Training von Fertigkeiten des Kopfrechnens und zur Entwicklung von Rechenstrategien verwendet

Zahlen bis 1000

1 Wie viele Vögel sind es ungefähr? Schätze.

2 Suche Möglichkeiten, die Vögel ungefähr zu zählen.

3 Versuche nun, die Tiere ungefähr zu zählen. Das Gitternetz hilft dir dabei.

1 Wie viele Wasserflaschen sind in einem Stapel?

2 Wie viele Flaschen sind es zusammen?

a) 2 Dreierpacks, 1 Palette, 1 Stapel

b) 1 Dreierpack, 2 Paletten, 1 Stapel

c) 2 Dreierpacks, 2 Paletten, 2 Stapel

Dreierpack Palette Stapel

3 **a)** 24 Flaschen sind in das Regal des Supermarktes geräumt worden. Wie waren sie verpackt?

b) Für eine Feier kauft Herr März 1 Palette und 2 Dreierpacks Wasser. 1 Flasche Wasser kostet 70 Cent.

4 Wie viele Kaugummis sind in 1 Platte?

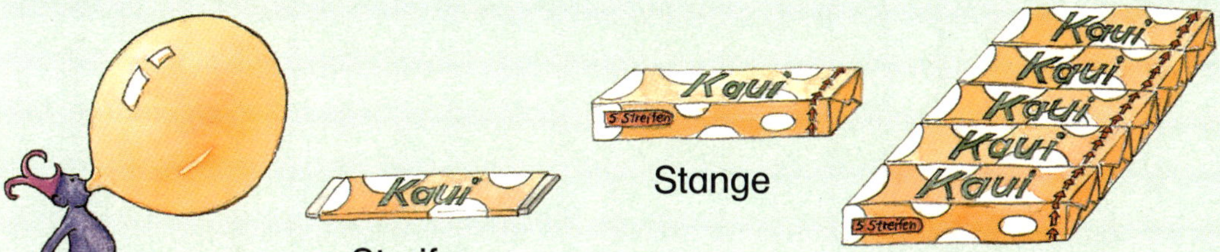

Streifen Stange Platte

5 Wie viele Kaugummis sind es?

a)

Platten	Stangen	Einzelne
2	3	4
3	2	3
1	2	4
4	0	0

b)

Platten	Stangen	Einzelne
3	3	3
2	4	0
1	2	4
1	0	1

6 **a)** Wie viele Tüten sind in einer Palette?

b) Im Supermarkt in der Steinstraße wurden 4 Paletten mit H-Milch angeliefert.

c) Vorige Woche wurde 1 Palette weniger ausgeliefert.

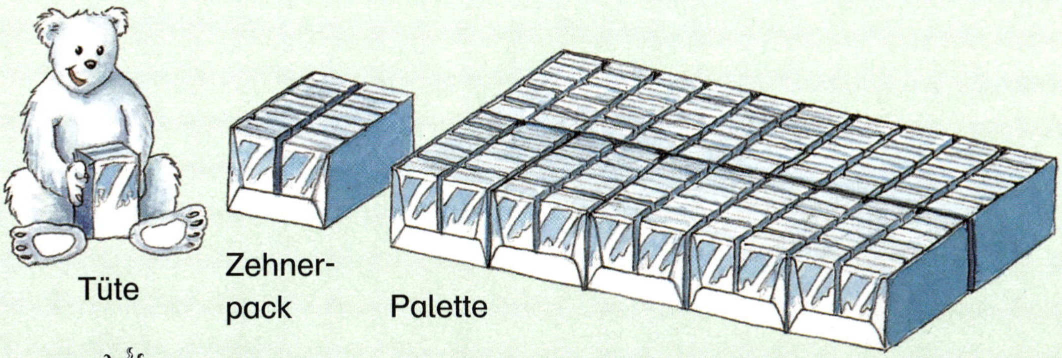

Tüte Zehnerpack Palette

1 Wie viele kleine Würfel bilden eine Platte?

2 Wie viele kleine Würfel bilden einen großen Würfel?

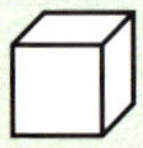

kleiner Würfel

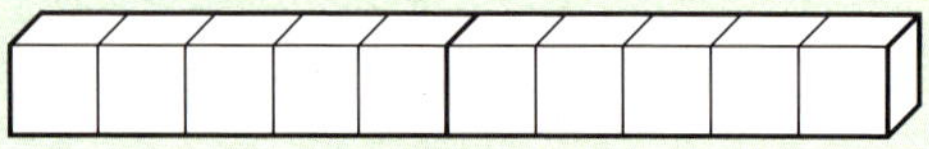

Stange

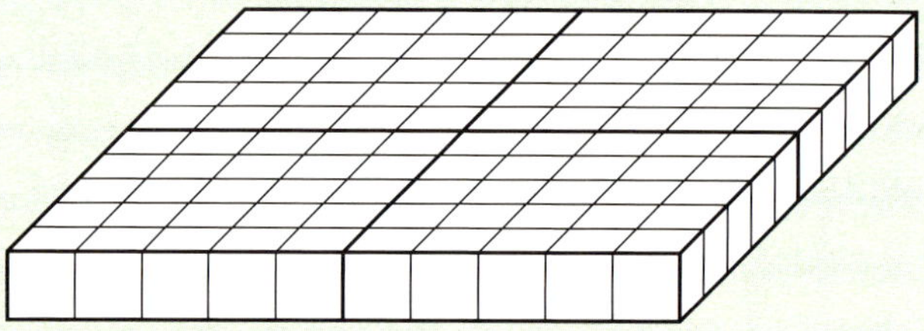

Platte

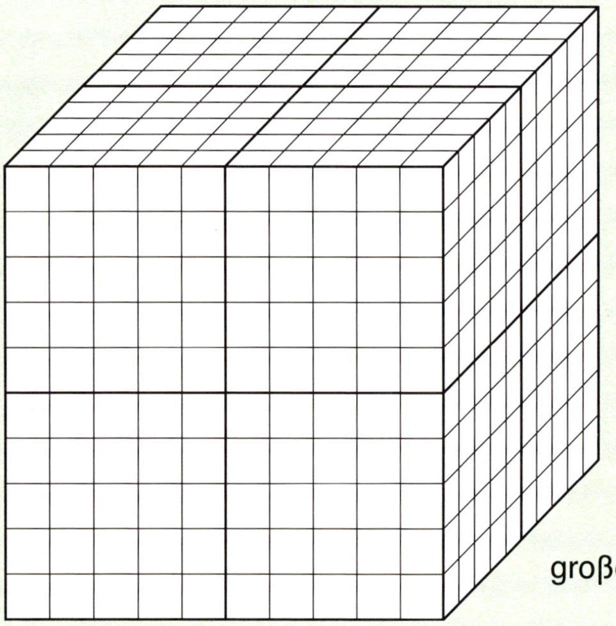

großer Würfel

3 Der Tausenderstreifen

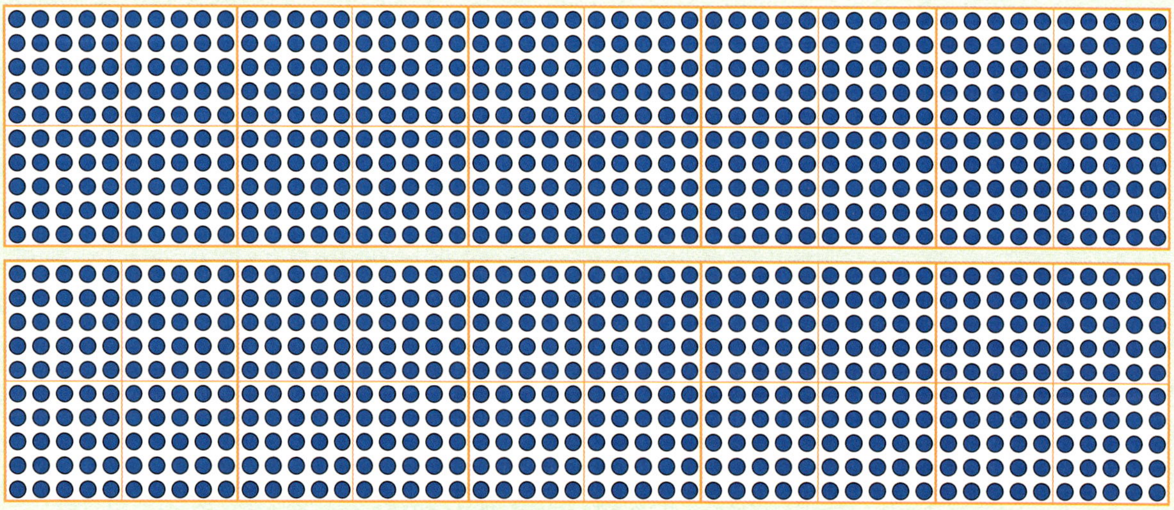

a) Zeige am Tausenderstreifen mit Hilfe eines Abdeckblattes:
200, 400, 800, 1000, 350, 450, 620, 840, 160, 80

b) Bildet in Partnerarbeit ähnliche Aufgaben.

1 In diesem Freizeitpark sind viele Menschen zum Spaßbad gekommen, um im Wasser zu schwimmen, zu spielen und sich zu erholen.

Schätze, wie viele Menschen im Wasser sind.
Hier ist eine genaue Anzahl dargestellt.

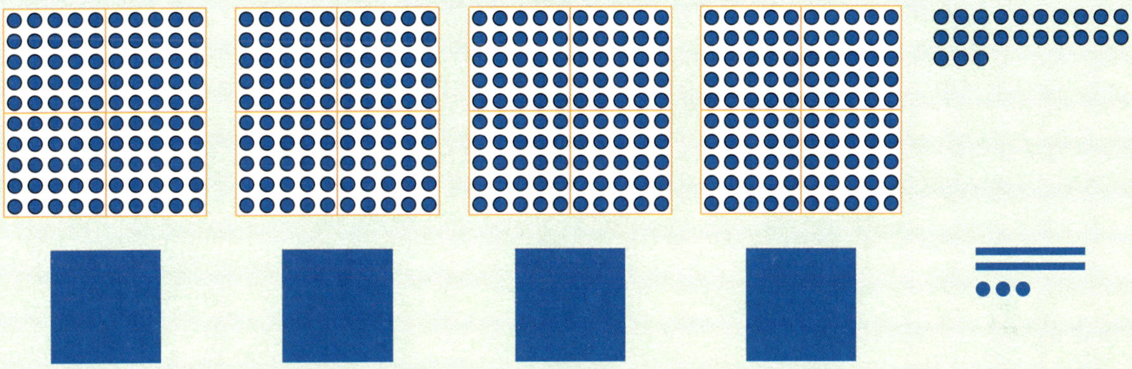

100 + 100 + 100 + 100 + 20 + 3 = 423

2 Welche Zahlen sind dargestellt? Zeige am Tausenderstreifen und schreibe ins Heft.

200 + 30 + 2 = 232

a) 

b) 

c) 

d) 

e) 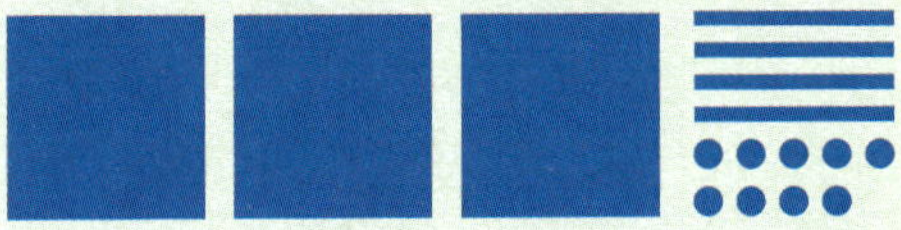

f) 

g) 

3 Zeichne die Zahlen in dein Heft. Zeige am Tausenderstreifen.

a) 200, 400, 530, 620, 812

b) 424, 635, 410, 98

c) 227, 327, 427, 618, 105

d) 342, 564, 628, 211, 311

1 Welche Zahlen sind dargestellt? Zeige auch am Tausenderstreifen. Trage in eine Stellenwerttafel ein.

H	Z	E
3	2	2

a) 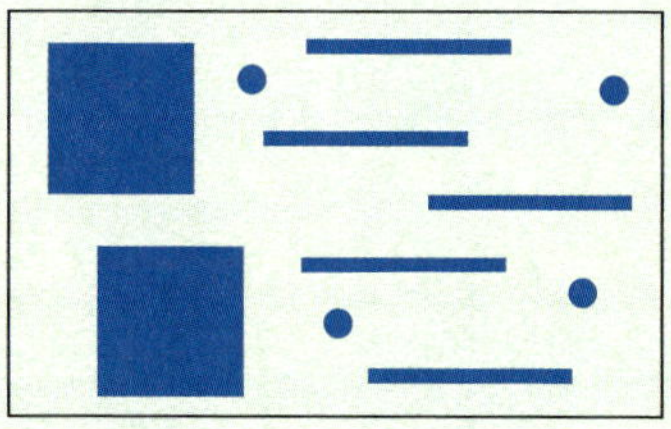

b) 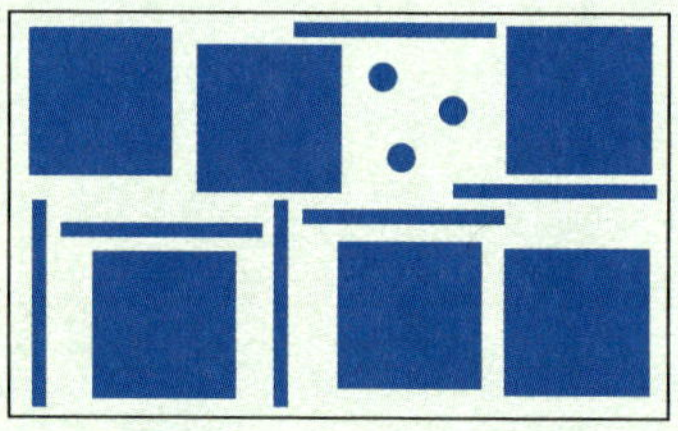

c) 

d) 

e) 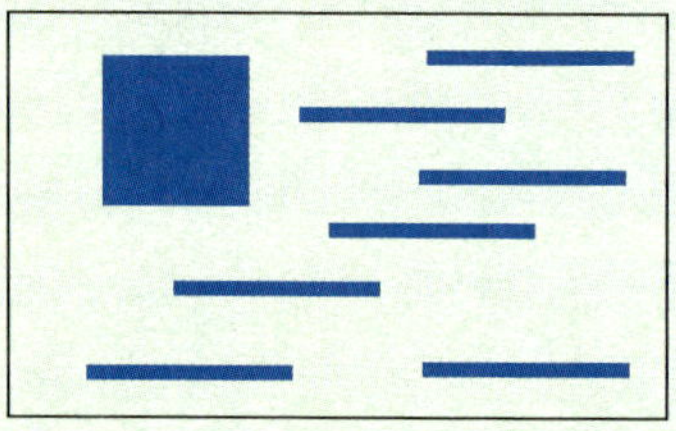

f) 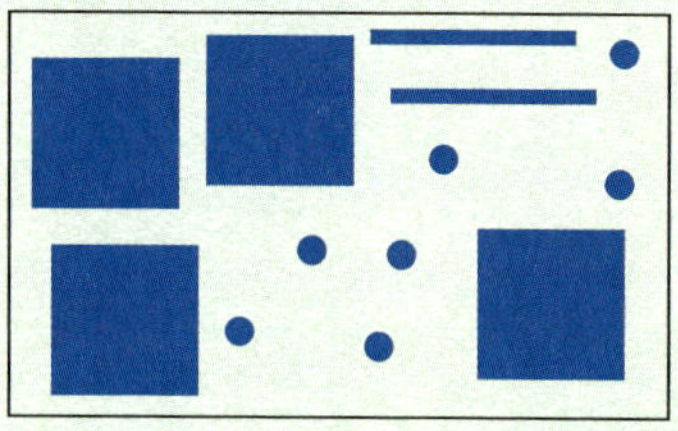

2 Zeige am Tausenderstreifen und zeichne wie in Aufgabe **1**.

a)

H	Z	E
2	4	3

H	Z	E
	6	6

b)

H	Z	E
4	6	3

H	Z	E
4	3	5

c)

H	Z	E
5	4	2

H	Z	E
2	7	6

d)

H	Z	E
1	0	2

H	Z	E
6	0	4

e)

H	Z	E
3	4	0

H	Z	E
8	0	5

3
200 + 300 = ☐
400 + 600 = ☐
700 + 300 = ☐
900 + 100 = ☐
300 + 500 = ☐

4
300 + ☐ = 1000
600 + ☐ = 1000
800 + ☐ = 1000
700 + ☐ = 1000
200 + ☐ = 1000

5
1000 = 100 + ☐
1000 = 200 + ☐
1000 = 300 + ☐
1000 = 400 + ☐
1000 = 500 + ☐

6

a)
☐
☐ ☐
100 | 200 | 300

b)
☐
☐ ☐
50 | 50 | 500

c)
1000
☐ ☐
100 | 300 | ☐

d)
760
☐ ☐
40 | 60 | ☐

\> oder < oder =

a)
4 · 9 ☐ 6 · 6
7 · 9 ☐ 10 · 6
8 · 6 ☐ 5 · 9

b)
3 · 9 ☐ 5 · 6
8 · 6 ☐ 6 · 9
3 · 6 ☐ 6 · 9

c)
5 · 5 ☐ 6 · 4
6 · 7 ☐ 5 · 8
9 · 2 ☐ 6 · 3

d)
10 · 8 ☐ 9 · 9
9 · 6 ☐ 8 · 7
7 · 4 ☐ 9 · 3

Die Stellenwerttafel für die Darstellung großer Zahlen nutzen;
Hunderterzahlen addieren

H	Z	E
		3
	3	0
3	0	0

+

H	Z	E
		2
	2	0
2	0	0

Rechne die verwandten Aufgaben.

1
4 + 5
40 + 50
400 + 500

2
6 + 3
60 + 30
600 + 300

3
2 + 7
20 + 70
200 + 700

4
3 + 5
30 + 50
300 + 500

5
7 − 4
70 − 40
700 − 400

6
9 − 8
90 − 80
900 − 800

7
8 − 3
80 − 30
800 − 300

8
9 − 5
90 − 50
900 − 500

Ergänze.

9
2 + □ = 10
20 + □ = 100
200 + □ = 1000

10
4 + □ = 10
40 + □ = 100
400 + □ = 1000

11
7 + □ = 10
107 + □ = 110
507 + □ = 510

12
5 + 3
105 + 3
175 + 3
365 + 3
995 + 3

13
5 − 2
105 − 2
155 − 2
655 − 2
915 − 2

14
7 + 2
70 + 20
270 + 20
570 + 20
870 + 20

15
6 − 3
60 − 30
460 − 30
760 − 30
960 − 30

16 Ich denke mir eine Zahl. Wenn ich 30 addiere, erhalte ich 270.
Wie heißt meine gedachte Zahl?

Übertrage die Tabellen in dein Heft und fülle sie aus.

a)

·	7	3	6	8
5				
7				
9				

b)

·	2	4		
4			20	
6				
8				72

1	2	3	4	5	6	7	8	9	10
11	12	13	14	15	16	17	18	19	20
21	22	23	24	25	26	27	28	29	30
31	32	33	34	35	36	37	38	39	40
41	42	43	44	45	46	47	48	49	50
51	52	53	54	55	56	57	58	59	60
61	62	63	64	65	66	67	68	69	70
71	72	73	74	75	76	77	78	79	80
81	82	83	84	85	86	87	88	89	90
91	92	93	94	95	96	97	98	99	100

101	102	103	104	105	106	107	108	109	110
111	112	113	114	115	116	117	118	119	120
121	122	123	124	125	126	127	128	129	130
131	132	133	134	135	136	137	138	139	140
141	142	143	144	145	146	147	148	149	150
151	152	153	154	155	156	157	158	159	160
161	162	163	164	165	166	167	168	169	170
171	172	173	174	175	176	177	178	179	180
181	182	183	184	185	186	187	188	189	190
191	192	193	194	195	196	197	198	199	200

	302								
									320
				322					
		333							
					346				
			354						
361									
							378		
					386				
								399	

401									
								419	
		423							
							438		
				445					
									460
			464						
					476				
	482								
							498		

501	502	503	504	505	506	507	508	509	510
511	512	513	514	515	516	517	518	519	520
521	522	523	524	525	526	527	528	529	530
531	532	533	534	535	536	537	538	539	540
541	542	543	544	545	546	547	548	549	550
551	552	553	554	555	556	557	558	559	560
561	562	563	564	565	566	567	568	569	570
571	572	573	574	575	576	577	578	579	580
581	582	583	584	585	586	587	588	589	590
591	592	593	594	595	596	597	598	599	600

						607			
					616				
	622								
				635					
									650
		653							
						667			
								679	
			684						
691									

	702								
								719	
			724						
					736				
741									
		753							
				765					
							778		
	782								
						797			

							908		
	912								
			924						
						937			
									950
					956				
		963							
				975					
	982								
									1000

1 Stellt selbst einen Tausenderstreifen her. Ihr braucht 10 leere Hundertertafeln und Klebeband.

Hundertertafel: ☐ 10 cm

10 cm

2 Zeigt euch im Tausenderstreifen die Plätze für die Zahlen.

a) 48, 148, 448, 648, 948, 748, 348, 548

b) 108, 408, 908, 308, 8, 208, 508, 708

c) 83, 283, 483, 683, 883, 583, 983, 183

d) 1, 101, 301, 501, 701, 901, 601, 801

3

98 + ☐ = 100
398 + ☐ = 400
798 + ☐ = 800
898 + ☐ = 900
998 + ☐ = 1000

4

195 + ☐ = 200
295 + ☐ = 300
495 + ☐ = 500
695 + ☐ = 700
795 + ☐ = 800

5

80 + ☐ = 100
280 + ☐ = 300
480 + ☐ = 500
780 + ☐ = 800
980 + ☐ = 1000

Die dekadische Struktur und das Analogieprinzip beim Zahlenaufbau bis 1000 erfassen

1 Schreibe die Zahlen auf, die in den Ausschnitten des Tausenderstreifens fehlen.

a)

	2	3	4		6	7	8	9	10
11		13	14		16	17	18	19	20
21	22		24		26	27	28	29	30
31	32	33			36	37	38	39	40
41	42	43	44		46	47	48	49	50
51	52	53	54			57	58	59	60
61	62	63	64		66		68	69	70
71	72	73	74		76	77		79	80
81	82	83	84		86	87	88		90
91	92	93	94		96	97	98	99	

b)

	102	103	104		106	107	108	109	110
111		113	114		116	117	118	119	120
121	122		124		126	127	128	129	130
131	132	133			136	137	138	139	140
141	142	143	144		146	147	148	149	150
151	152	153	154			157	158	159	160
161	162	163	164		166		168	169	170
171	172	173	174		176	177		179	180
181	182	183	184		186	187	188		190
191	192	193	194		196	197	198	199	

c)

601	602	603	604	605	606	607	608	609	610
611	612	613	614	615		617	618	619	620
621	622	623	624	625	626		628	629	630
631	632	633	634	635	636	637		639	640
641	642	643	644	645	646	647	648		650
651	652	653	654	655	656	657	658	659	660
671	672	673	674	675	676	677	678	679	680
681	682	683	684	685	686	687	688	689	690
691	692	693	694	695	696	697	698	699	700

d)

701	702	703	704	705	706	707	708	709	710
711	712	713	714	715		717	718	719	720
721	722	723	724	725	726		728	729	730
731	732	733	734	735	736	737		739	740
741	742	743	744	745	746	747	748		750
751	752	753	754	755	756	757	758	759	760
761	762	763	764	765	766	767	768	769	770
771	772	773	774	775	776	777	778	779	780
791	792	793	794	795	796	797	798	799	800

2 Hier sind Ausschnitte aus dem Tausenderstreifen. Schreibe die fehlenden Zahlen ins Heft.

a)

203	☐	☐	☐

b)

604					
	☐	☐	☐		
				☐	☐

c)

☐	☐		
		☐	
			☐
			137

d)

935			
	☐		
		☐	☐

e)

☐	☐
☐	☐
☐	749

f)

☐	☐	☐		☐
		528	☐	

g)

☐	☐	☐	☐
	888		
			☐

h)

☐	977			
		☐	☐	
				☐

a)	b)	c)
5 · 3 + ☐ = 50	4 · 8 + 38	8 · 8 − ☐ = 58
5 · 4 + ☐ = 50	6 · 4 + 16	4 · 7 − ☐ = 24
5 · 6 + ☐ = 50	6 · 8 + 52	6 · 8 − ☐ = 31
5 · 7 + ☐ = 50	5 · 4 + 30	7 · 7 − ☐ = 38
5 · 8 + ☐ = 50	9 · 8 + 18	9 · 8 − ☐ = 66
5 · 9 + ☐ = 50	3 · 4 + 48	6 · 7 − ☐ = 39

3
4 5 6 6
10 11 15
17 20 30
35 40 50
60 70 90
100

❶ Das Analogieprinzip anwenden bei Orientierungsübungen im Zahlenraum bis 1 000

1 Schreibe die Zahlen vom Start bis zum Ziel auf.

a) 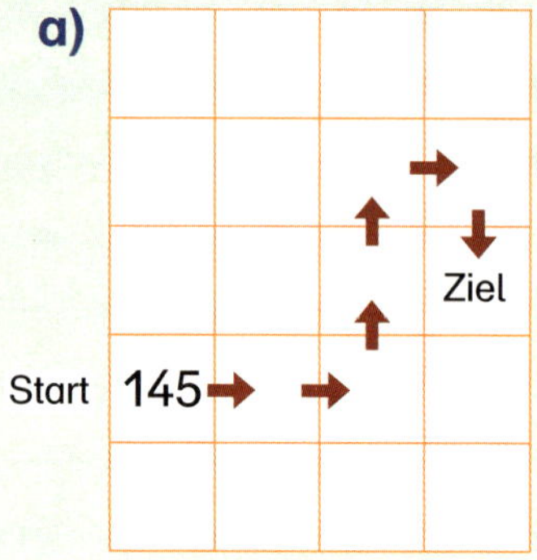

b) 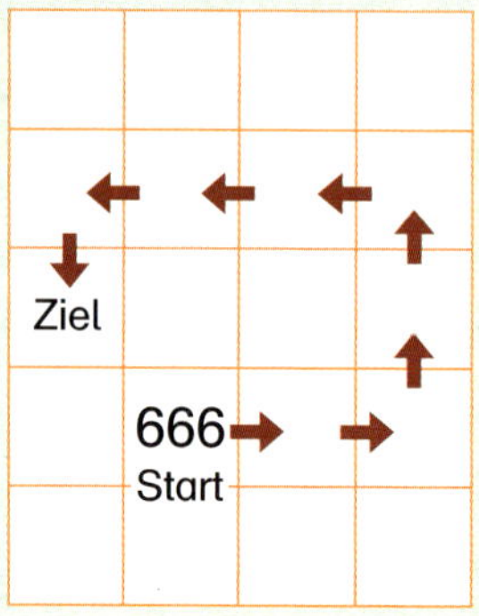

c) 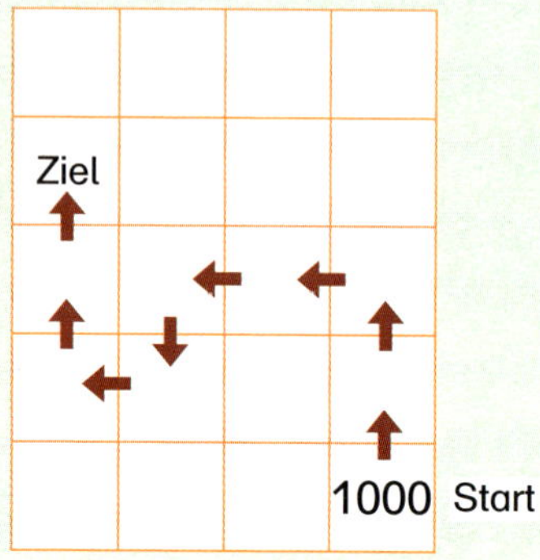

2 Wohin kommst du?

a) Start: 163
→ → ↓ → → → ↑ →
Ziel: ☐

b) Start: 762
↓ ↓ → → ↑ ↑ ↑ →
Ziel: ☐

c) Start: 342
→ → → ↓ ↓ → ↑ →
Ziel: ☐

3 Schreibt weitere Wege auf. Nennt die Zielzahlen.

4 Schreibe die Zahlenfolgen auf.

a) 316, 317, … … …, 323
b) 196, 197, … … …, 206
c) 732, 731, … … …, 725
d) 704, 703, … … …, 696
e) 320, 330, … … …, 400
f) 84, 184, 284, … …, 984

5 Stellenwertspiel:
Die höchste oder die niedrigste Zahl gewinnt. Jedes Kind hat eine Stellentafel.
Es wird reihum mit einem Rechenwürfel gewürfelt.
Die gewürfelte Zahl wird in der Stellentafel eingetragen.
Sieger ist, wer nach 3 Würfelrunden die höchste (niedrigste) Zahl hat.

H	Z	E

6 Ordne die Zahlen nach der Größe.

a)

H	Z	E
4	6	9
6	9	8
7	3	2
7	4	3
7	2	9
8	4	0

b)

H	Z	E
	6	4
1	0	7
9	9	9
8	7	4
3	2	6
3	6	2

7 Bilde aus den Ziffern 3, 4, 5 alle möglichen Zahlen. Wie viele gibt es?

❶ ❷ Sich im Zahlenraum bis 1 000 orientieren
❹ Zahlenfolgen bilden
❺ ❻ Die Bedeutung von Stufenzahl und Stellenwert erfassen

1 Zu jedem Pfeil gehört eine Zahl. Schreibe die Zahlen auf.

A = 85

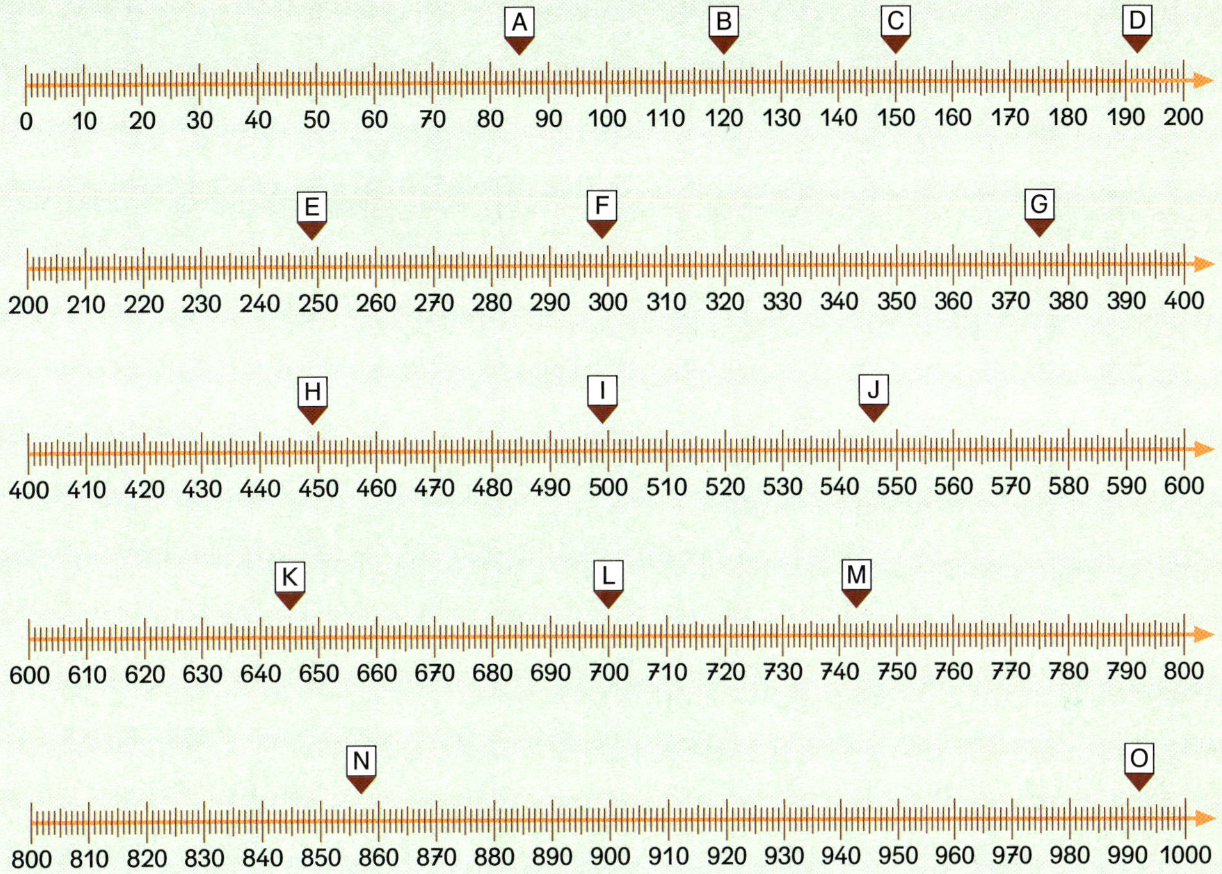

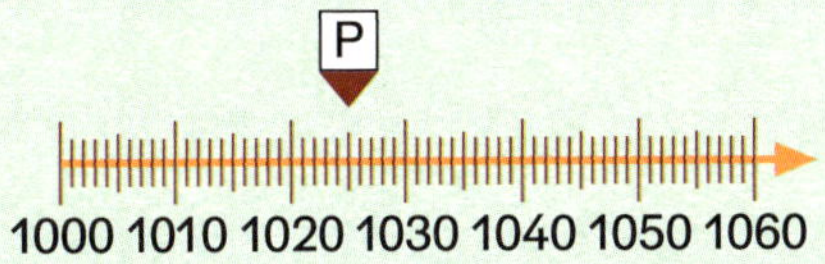

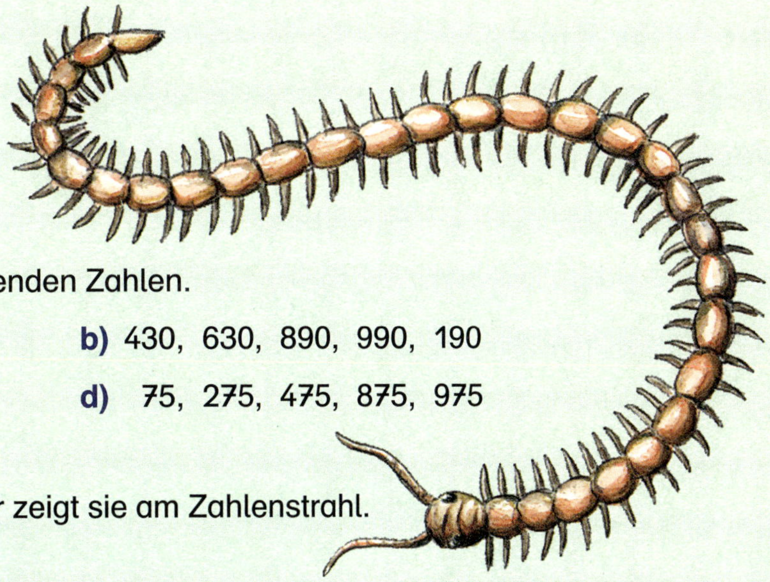

2 Zeige am Zahlenstrahl die folgenden Zahlen.

a) 80, 180, 380, 580, 780

b) 430, 630, 890, 990, 190

c) 440, 220, 840, 760, 730

d) 75, 275, 475, 875, 975

3 Nenne eine Zahl. Dein Nachbar zeigt sie am Zahlenstrahl.

4 Setze die Zahlenfolgen im Heft fort.

a) 250, 260, … … 340
870, 880, … … 950
90, 100, … … 170

b) 620, 610, … … 540
940, 930, … … 860
150, 140, … … 70

c) 700, 699, … … 691
400, 399, … … 390
1000, 999, … … 992

d) 315, 320, … … 350
485, 490, … … 555
75, 80, … … 115

e) 292, 294, … … 306
696, 698, … … 708
897, 899, … … 909

f) 312, 322, … … 372
529, 539, … … 599
878, 888, … … 948

❶ ❷ ❸ Den Zahlenstrahl als Vorstellungs- und Orientierungshilfe gebrauchen
❹ Zahlenfolgen bilden

1 Schreibe die Zahl und die Nachbarzahlen auf. A: 124, **125**, 126

a)

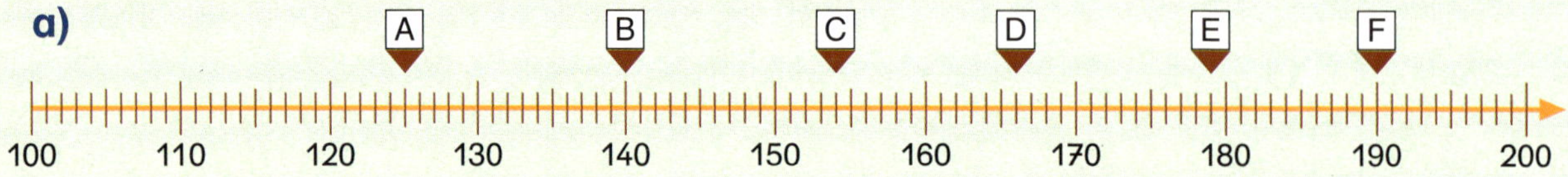

b)

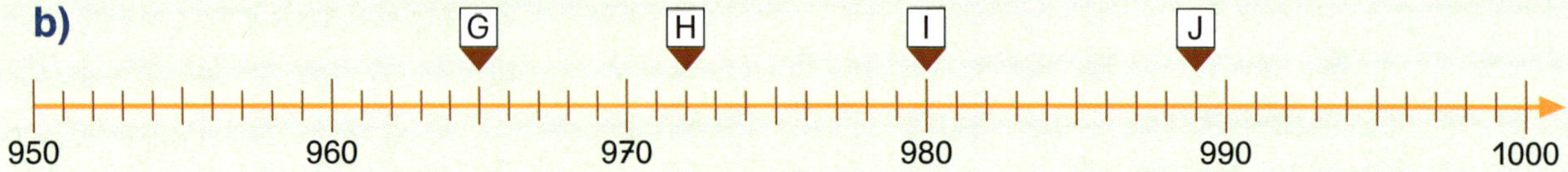

2 Schreibe die Nachbarzehner auf. A: 630, **638**, 640

a)

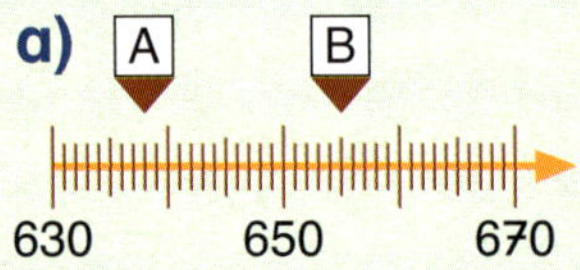

b)

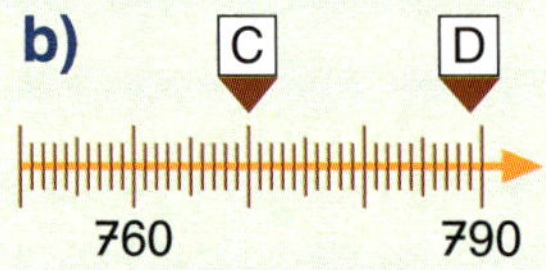

c)

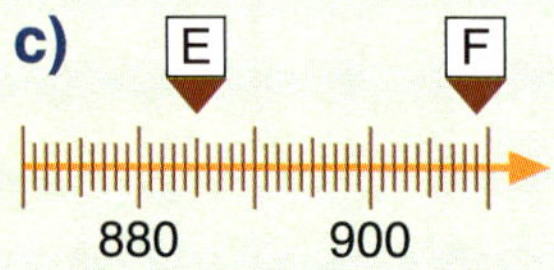

3 Schreibe die Nachbarhunderter auf. A: 200, **260**, 300

a)

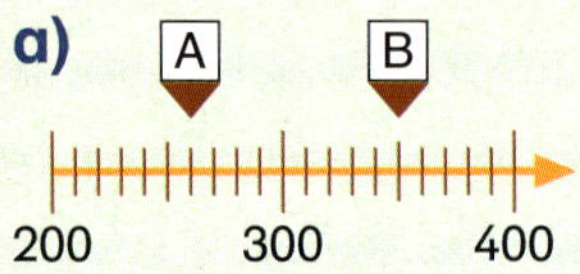

b)

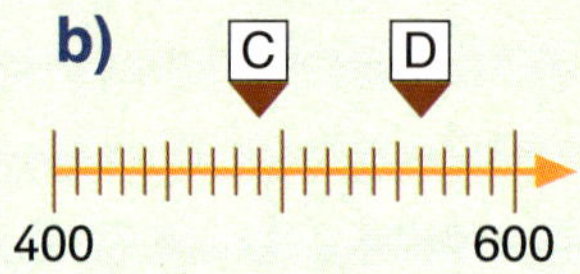

c)

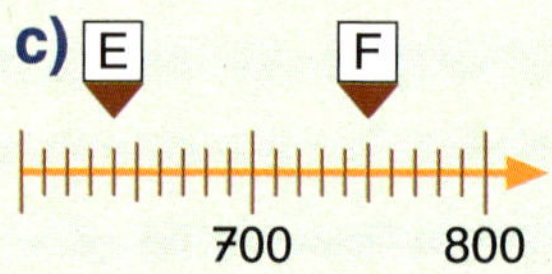

4 a) Vorgänger und Nachfolger

386	387	388
	396	
	287	
	699	
	999	
	719	
	809	

b) Nachbarzehner

710	714	720
	267	
	348	
	499	
	519	
	286	
	888	

c) Nachbarhunderter

400	462	500
	398	
	219	
	786	
	894	
	999	
	581	

5 Übertrage ins Heft und setze die Zeichen < oder >.

a)
268 ○ 286
434 ○ 443
628 ○ 682
472 ○ 471
837 ○ 873

b)
617 ○ 671
919 ○ 991
346 ○ 643
888 ○ 877
901 ○ 910

c)
876 ○ 768
909 ○ 990
444 ○ 445
382 ○ 283
648 ○ 684

d)
644 ○ 446
702 ○ 720
417 ○ 471
891 ○ 918
643 ○ 634

Zahleigenschaften Vorgänger/Nachfolger darstellen
❺ Zahlen miteinander vergleichen

1 Welcher Nachbarzehner liegt näher an der Zahl?

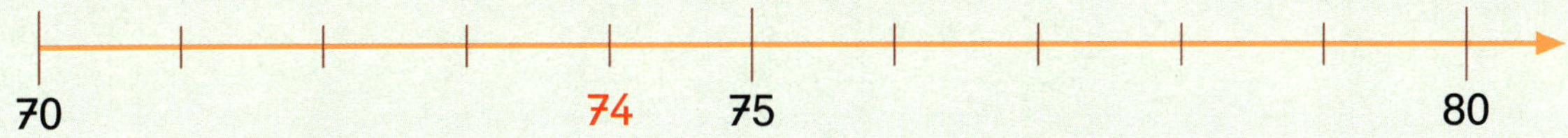

[70] ← (−4) ← [74] → (+6) → [80]

70 ist näher, 74 ist rund 70

Ist der Abstand zu beiden Nachbarzehnern gleich, wird zum nächst größeren Nachbarzehner aufgerundet.

a) [40] ← ( ) ← [48] → ( ) → [50]

[80] ← ( ) ← [86] → ( ) → [ ]

b) [ ] ← ( ) ← [19] → ( ) → [ ]

[ ] ← ( ) ← [75] → ( ) → [ ]

2 Jetzt wird der Nachbarhunderter gesucht, der am nächsten liegt.

a) [200] ← (−36) ← [236] → (+64) → [300]

[400] ← ( ) ← [466] → ( ) → [500]

b) [ ] ← ( ) ← [714] → ( ) → [ ]

[ ] ← ( ) ← [475] → ( ) → [ ]

3 Runde

a) auf den Zehner.

37	89	155	392	863

b) auf den Hunderter.

349	633	88	528	186

4 Suche Paare aus Zahlen und gerundeten Zahlen.

281	300

173, 86, 600, 72, 40, 10, 39, 564, 728, 300, 400, 200, 70, 90, 381, 295, 14, 70, 66, 700

Über Nachbarzehner und -hunderter die Regel zum Runden für Zahlen finden und anwenden

In Deutschland und vielen anderen Ländern in Europa gelten diese Geldscheine.

1 

Was kosten die Gegenstände? Warum haben sie verschiedene Preise?

2 Welche Dinge aus dem Schaufenster sind gekauft worden?

100 € + 100 € + …

a) 

b) 

c) 

3 Wie viel Geld ist es? 200 € + 200 € + …

a) 

b) 

c) 

4 Lege mit Rechengeld. Dein Nachbar sagt dir, wie viel es ist.

5 Lege und schreibe die Geldbeträge auf. Suche verschiedene Möglichkeiten:

450 € = 200 € + 200 € + 20 € + 20 € + 10 € 450 € = 100 € + …

a) 450 € **b)** 535 € **c)** 785 € **d)** 75 € **e)** 272 € **f)** 999 €

Mit der Größe Geld umgehen; realistische Größenvorstellungen gewinnen

1 Silke hat lange Zeit für ein Fahrrad gespart. Sie hat 150 € zusammen. Ihre Mutter gibt den Rest dazu. Sie bezahlt mit einem Scheck.

2 Schreibe mit Ziffern.

a) achthundertachtzig
b) sechshundertdreißig
c) einhundertvierzig
d) siebenhundertvierzehn
e) achthundertdreiunddreißig
f) neunhundertneunundneunzig

3 Schreibe die Beträge mit Worten.
a) 360 € **b)** 428 € **c)** 964 € **d)** 885 € **e)** 637 € **f)** 404 €

4 Wie viel Geld fehlt noch bis 1000 €?

a)

b)

c)

d)

5

a)
400 € + ☐ = 1000 €
500 € + ☐ = 1000 €
900 € + ☐ = 1000 €
300 € + ☐ = 1000 €
100 € + ☐ = 1000 €

b)
350 € + ☐ = 400 €
570 € + ☐ = 570 €
720 € + ☐ = 800 €
640 € + ☐ = 700 €
180 € + ☐ = 380 €

c)
410 € + ☐ = 1000 €
630 € + ☐ = 1000 €
870 € + ☐ = 1000 €
340 € + ☐ = 1000 €
990 € + ☐ = 1000 €

6 Ein Fahrrad kostete 280 €. Als Auslaufmodell mit einem kleinen Lackschaden kostet es nur noch die Hälfte.

7 Alles für die Hälfte. Übertrage in dein Heft und ergänze.

Preis	400 €	600 €			260 €	810 €
halber Preis			250 €	310 €		

1

a) 5 · 7
6 · 7
4 · 7
9 · 7

b) 4 · 9
7 · 9
5 · 9
8 · 9

c) 48 : 6
81 : 9
35 : 7
56 : 8

d) 42 : 7
24 : 4
36 : 6
36 : 9

e) 10 · 7
10 · 9
56 : 7
64 : 8

f) 45 : 5
35 : 5
8 · 7
3 · 9

2 Übertrage die Tabellen und fülle sie aus.

a)

Zahl	26	34			62	88			64	
die Hälfte			42	25			29	19		49

b)

Zahl	9	41	16	45				27		68
das Doppelte					58	96	38		72	

3 Welche Zahlen fehlen? Schreibe sie auf.

a)
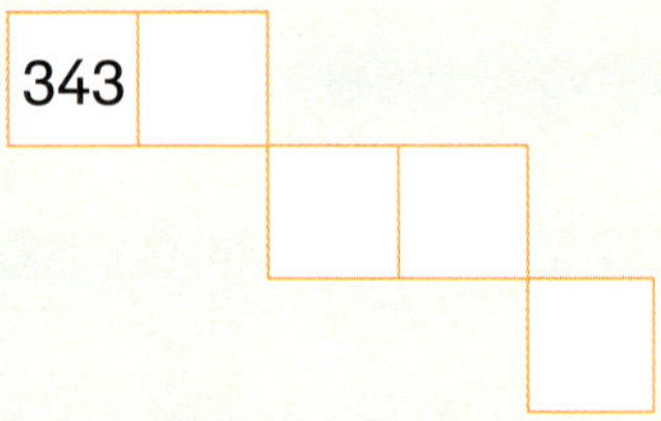

b)
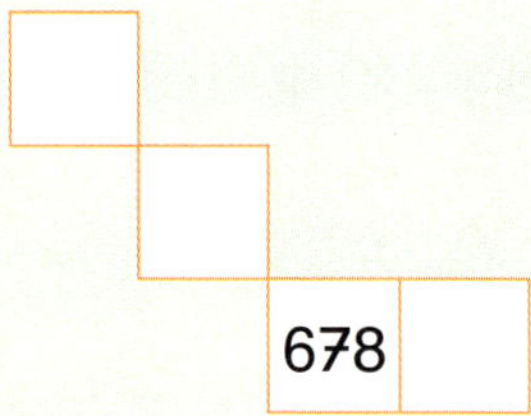

c)

4 Zu jedem Pfeil gehört eine Zahl. Schreibe sie auf.

A = □

a)
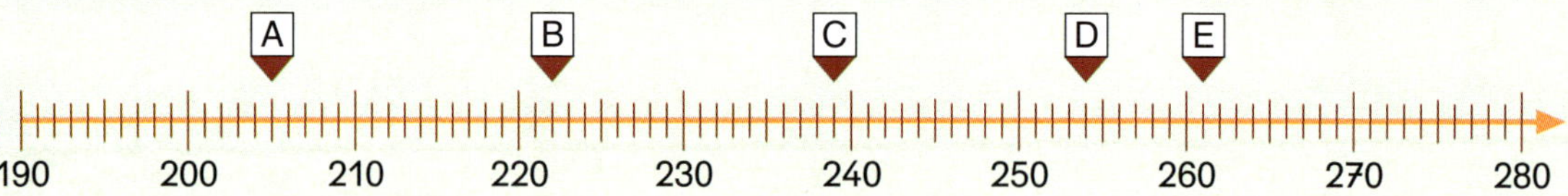

b)
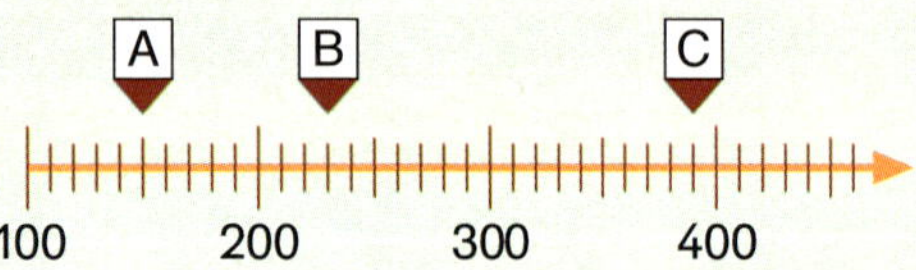

c)
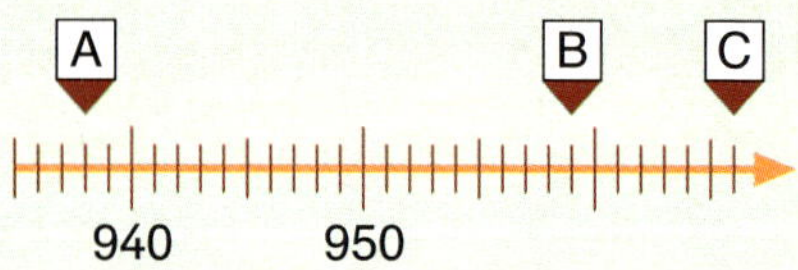

5 Ordne die Zahlen nach der Größe. Beginne mit der kleinsten Zahl.
567, 87, 267, 432, 867, 991, 867, 343, 433, 768

6 Ordne die Zahlen nach der Größe. Beginne mit der größten Zahl.
198, 413, 906, 447, 898, 762, 99, 564, 412, 267

7 Setze die Reihen fort. Schreibe sie auf.

a) 895, 896, 897, …, 906
b) 560, 570, 580, …, 650
c) 275, 280, 285, …, 325
d) 608, 607, 606, …, 595
e) 740, 730, 720, …, 650
f) 925, 920, 915, …, 875

8 Runde

a) auf Zehner: 286, 631, 578, 474.
b) auf Hunderter: 263, 745, 178, 350.

Lernplateau: Zahlen bis 1000;
das erworbene Wissen überprüfen

Längen

1 Lies ab.

1 Meter = 100 Zentimeter
1 m = 100 cm

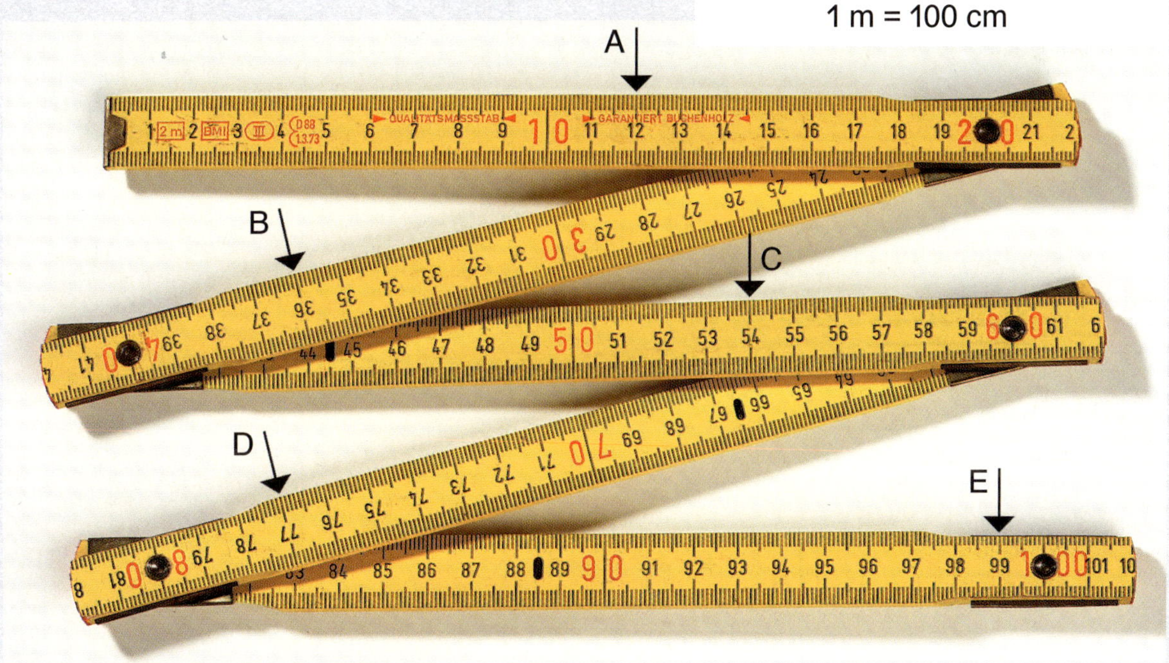

2 Miss die Länge der Strecken mit deinem Lineal. Schätze vorher.

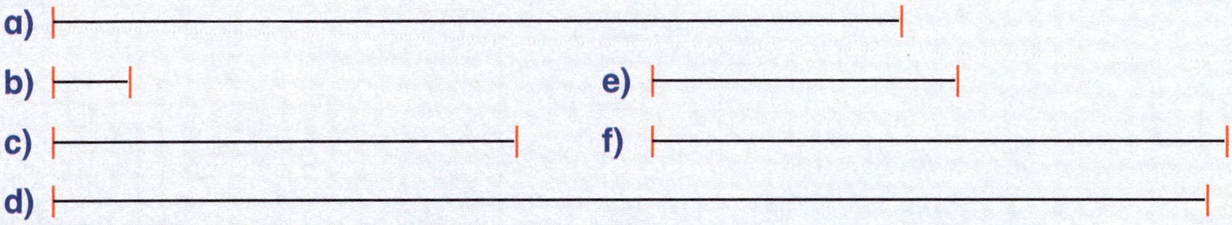

3 Zeichne Strecken von 2 cm, 5 cm, 10 cm, 13 cm und 20 cm Länge.

Ablesen von Längen mit verschiedenen Messgeräten;
Handhabung des Lineals üben

1 Schreibe die Längen in dein Heft.

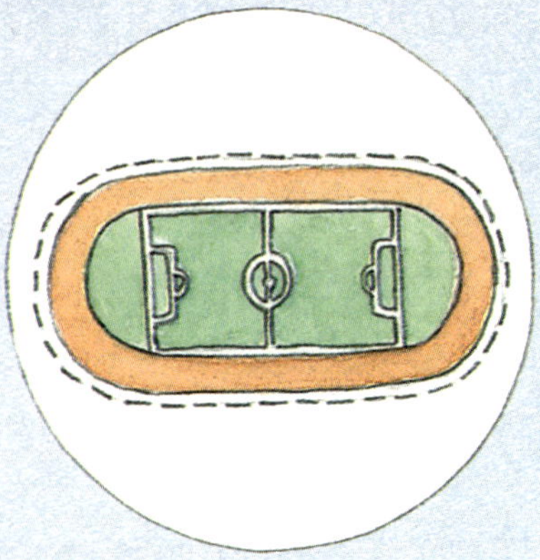

a) Eine Runde um den Sportplatz: 400 □.

b) Umfang des Fußballs: etwa 70 □.

c) Höhe des Fußballtors: etwa 2 □.

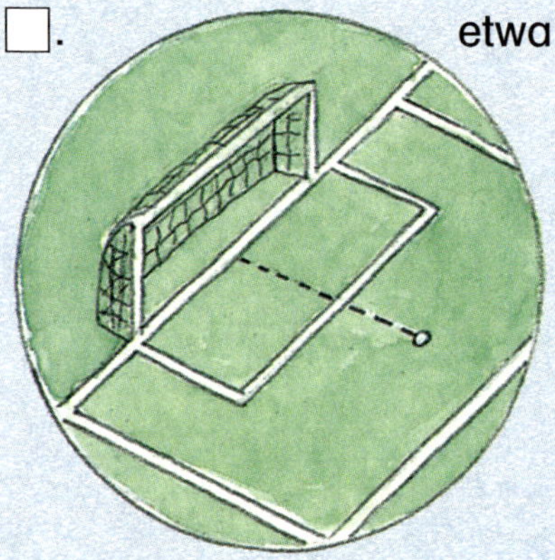

d) Länge der Rückennummer des Trikots: 26 □.

e) Entfernung zum Tor: 11 □.

2 Wie viel m und cm sind es? Schätze zunächst.

a) Länge des Klassenzimmers

b) Breite des Klassenzimmers

c) Länge des Schultisches

d) Breite des Schultisches

e) Länge des Schrankes

3 m 15 cm = 315 cm
7 m 2 cm = 702 cm

3 Wandle in cm um.

3 m = 300 cm

a)	5 m	**b)**	1 m
	2 m		3 m
	10 m		7 m
	1 m 50 cm		9 m 6 cm
	6 m 42 cm		4 m 9 cm

4 Wandle in m um.

600 cm = 6 m

a)	700 cm	**b)**	500 cm
	400 cm		300 cm
	100 cm		200 cm
	275 cm		801 cm
	613 cm		909 cm

1

Das Komma trennt Meter und Zentimeter.
3 m 15 cm = 3,15 m

a) Die Lehrerin hat die folgenden Weitsprungergebnisse aufgeschrieben. Schreibe sie in m und cm.

2,65 m = 2 m 65 cm

Julia:	2,95 m	Jens:	2,31 m
Sabine:	3,05 m	Sven:	3,45 m
Birgit:	2,83 m	Murrat:	3,12 m
Selina:	3,24 m	Ali:	2,99 m
Nurgul:	3,17 m	Hussein:	3,56 m

b) „Im nächsten Jahr könnt ihr bestimmt noch einen halben Meter weiter springen“, feuert die Lehrerin alle an. Schreibe die neuen Weiten als Kommazahlen auf.

c) Selina, Julia, Sven, Murrat und Hussein wollen besonders viel für den Weitsprungwettbewerb üben. Sie haben sich vorgenommen, sogar 0,75 m weiter als in diesem Jahr zu springen.

2 Schreibe mit Komma.

4 m 26 cm = 4,26 m

a)		b)	
1 m	42 cm	0 m	9 cm
3 m	16 cm	4 m	1 cm
10 m	3 cm	20 m	0 cm
5 m	39 cm	14 m	64 cm
18 m	49 cm	9 m	81 cm

3 **a)** Wie groß bist du?

b) Wie groß sind deine Mitschüler?

c) Schreibe die Ergebnisse in eine Tabelle.

d) Stelle Vergleiche an.

Gespräch über Weiten beim Sport;
eigene Erlebnisse bei den Bundesjugendspiele

1

Schneidet Streifen für ein Streifenbild eurer Klasse.

2 Welche Längen sind gleich?

5 m	8,50 m	3,24 m
7 m 5 cm		9,05 m
500 cm		3 m 24 cm
		75 cm
8 m 50 cm		905 cm

3 Wie groß sind die Kinder? Ali 1,20 m

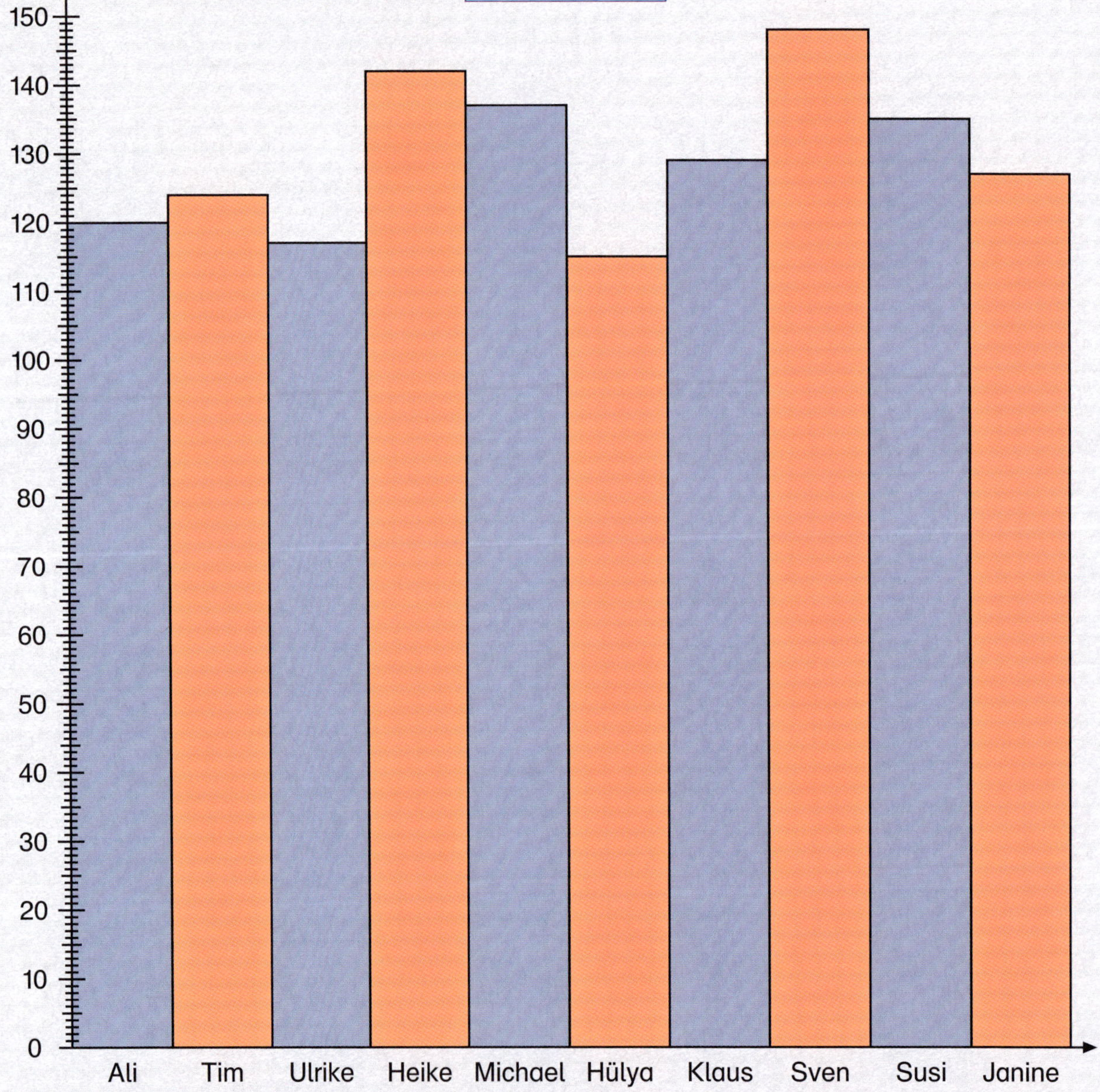

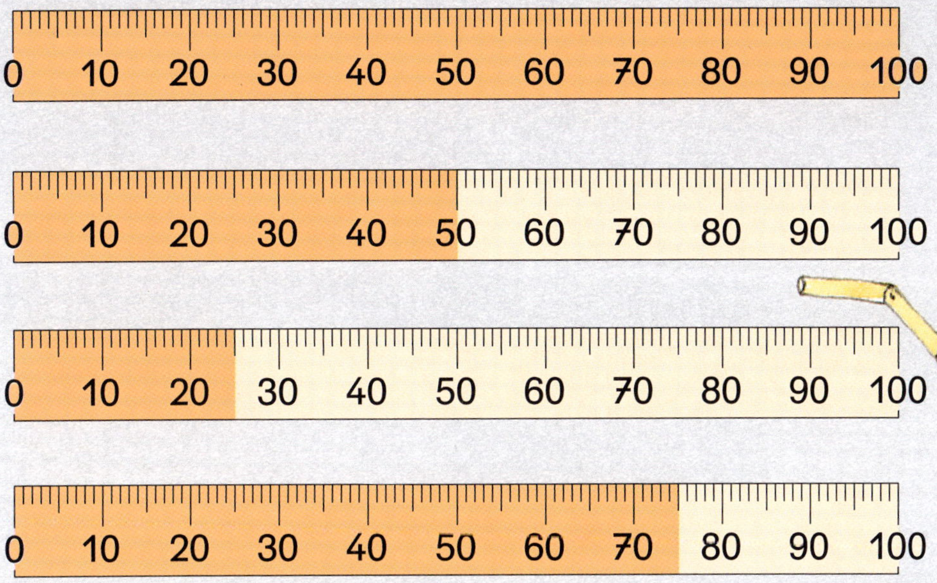

100 cm = 1 m

50 cm = $\frac{1}{2}$ m

25 cm = $\frac{1}{4}$ m

75 cm = $\frac{3}{4}$ m

1 <, > oder = ?

	a)		b)		c)		d)
	40 cm ◯ $\frac{1}{2}$ m		30 cm ◯ $\frac{1}{4}$ m		90 cm ◯ $\frac{3}{4}$ m		12 cm ◯ $\frac{1}{4}$ m
	70 cm ◯ $\frac{1}{2}$ m		20 cm ◯ $\frac{1}{4}$ m		64 cm ◯ $\frac{3}{4}$ m		26 cm ◯ $\frac{1}{4}$ m
	51 cm ◯ $\frac{1}{2}$ m		25 cm ◯ $\frac{1}{4}$ m		51 cm ◯ $\frac{3}{4}$ m		73 cm ◯ $\frac{1}{2}$ m
	50 cm ◯ $\frac{1}{2}$ m		91 cm ◯ $\frac{1}{4}$ m		75 cm ◯ $\frac{3}{4}$ m		74 cm ◯ $\frac{3}{4}$ m
	49 cm ◯ $\frac{1}{2}$ m		68 cm ◯ $\frac{1}{4}$ m		85 cm ◯ $\frac{3}{4}$ m		80 cm ◯ $\frac{3}{4}$ m

2 Wie viel cm sind es?

a)	b)	c)	d)	e)
3,50 m	0,04 m	2,30 m	4,15 m	7,07 m
3,05 m	0,40 m	2,03 m	4,10 m	0,77 m
5,66 m	6,00 m	8,17 m	4,05 m	7,70 m
5,60 m	12,00 m	8,70 m	4,55 m	0,07 m
7,02 m	0,09 m	10,01 m	4,11 m	0,70 m
7,22 m	0,90 m	10,10 m	4,00 m	7,77 m

a)	b)	c)
4 · 8 + □ = 45	4 · 6 − □ = 19	9 · 9 + □ = 87
8 · 8 + □ = 71	7 · 9 − □ = 56	10 · 7 + □ = 79
0 · 8 + □ = 18	6 · 6 − □ = 28	5 · 3 + □ = 21
10 · 8 + □ = 90	3 · 9 − □ = 25	4 · 8 + □ = 40
1 · 8 + □ = 25	9 · 6 − □ = 51	7 · 4 + □ = 33

2 3 5
5 6 6
7 7 8
8 9 10
13 17
18

1

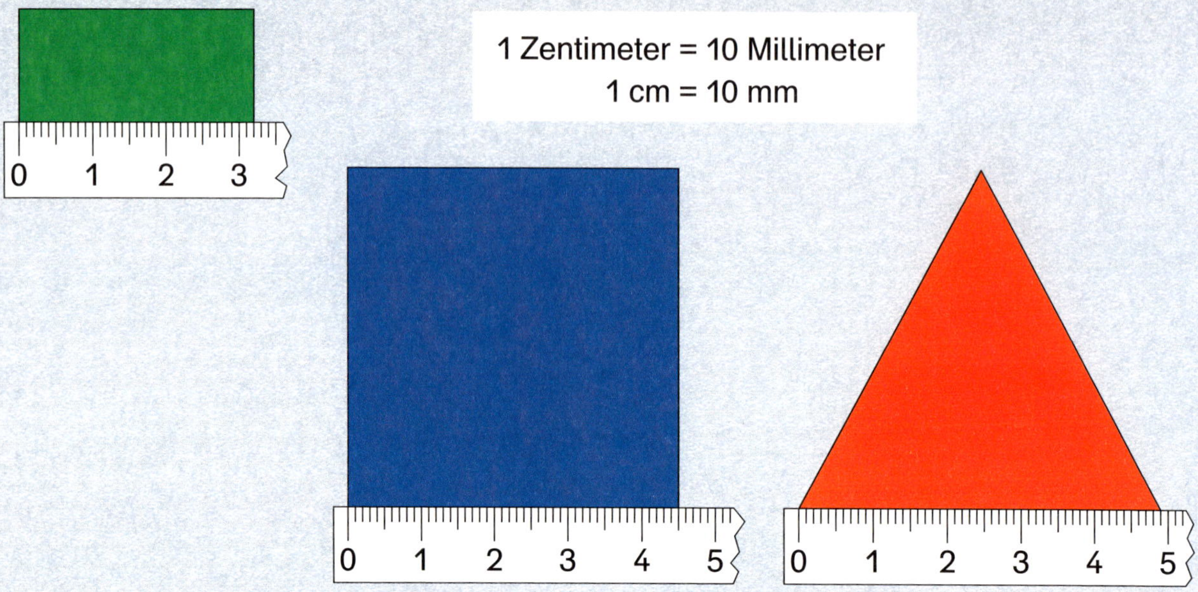

1 Zentimeter = 10 Millimeter
1 cm = 10 mm

a) Lies die gemessenen Seitenlängen ab.

b) Wie lang sind die anderen Seiten?
Was stellst du fest?

2 Zeichne Strecken mit diesen Längen.

a) 22 mm	**b)** 3 cm 4 mm
45 mm	1 cm 1 mm
7 mm	9 cm 6 mm
70 mm	14 cm 3 mm
100 mm	8 cm 8 mm

3 Miss und übertrage ins Heft.

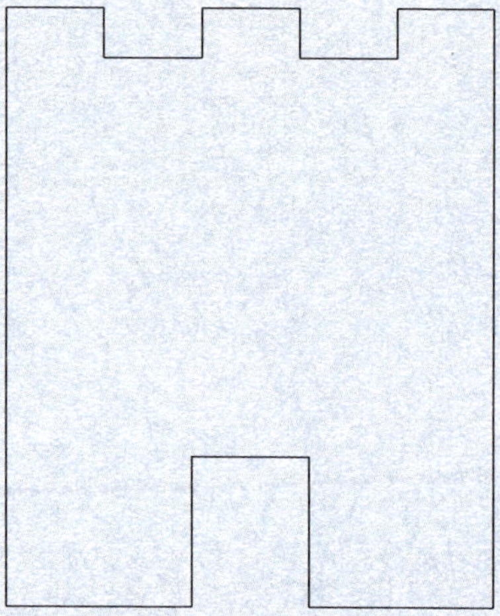

4 Miss mit dem Lineal.

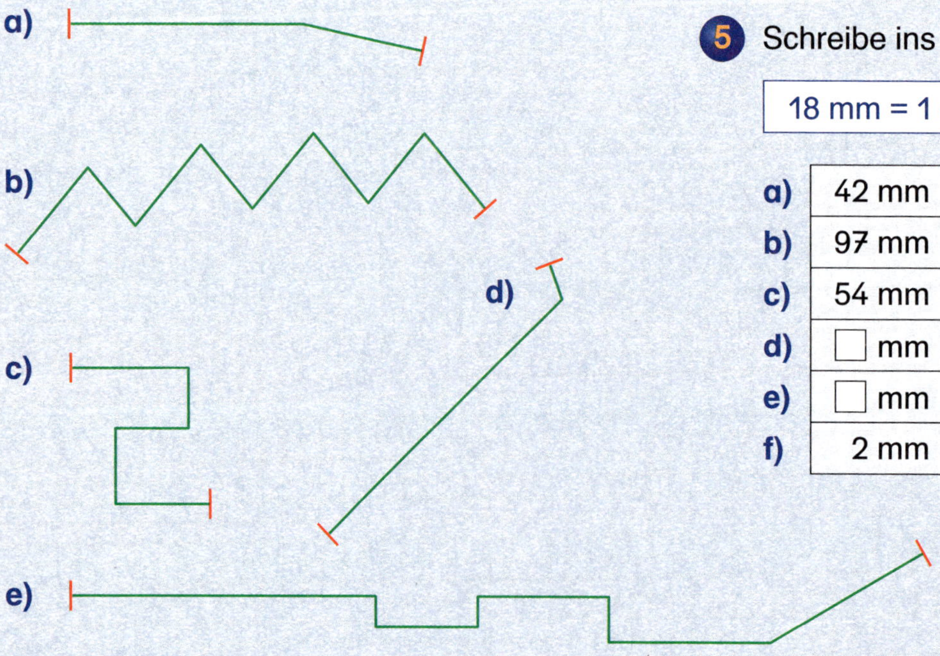

5 Schreibe ins Heft.

18 mm = 1 cm 8 mm

a)	42 mm	☐ cm ☐ mm
b)	97 mm	☐ cm ☐ mm
c)	54 mm	☐ cm ☐ mm
d)	☐ mm	6 cm 2 mm
e)	☐ mm	10 cm 5 mm
f)	2 mm	☐ cm ☐ mm

Das Tafellineal ist 1 Meter lang. Es ist in 10 Dezimeter eingeteilt.

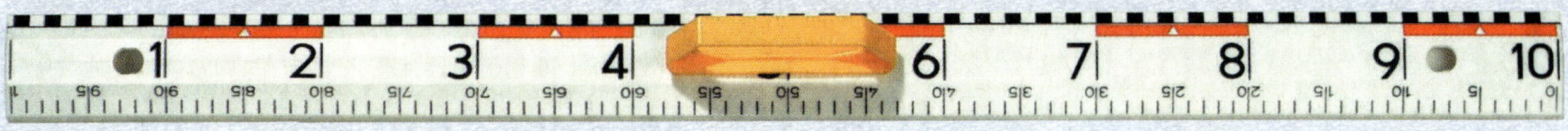

1 Meter = 10 Dezimeter
1 m = 10 dm

1 Dezimeter = 10 Zentimeter
1 dm = 10 cm

1 Welche Gegenstände sind ungefähr 1 dm lang?

2 Zeichne mehrere Dezimeterstreifen. Schneide sie aus.

3 Zeichne Strecken auf eine Papierrolle.

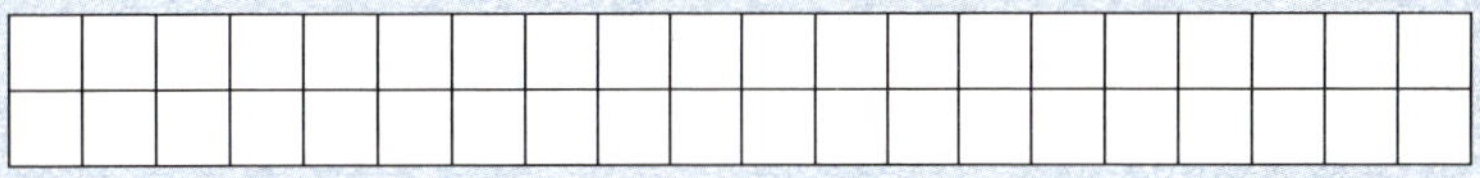

a) 2 dm **b)** 5 dm **c)** 8 dm **d)** 12 dm **e)** 10 dm

Kontrolliert mit euren Dezimeterstreifen.

4 Inga fuhr mit ihrer Familie im Herbst nach Schweden in ein Holzhaus. Dort hatten sie auch einen Swimmingpool. Eine Bahn war 8 m lang. Wie viel dm war sie nach 7 Bahnen geschwommen?

5 Übertrage ins Heft und fülle aus.

a)	**m**	**dm**	**cm**	
472 cm	4	7	2	4,72 m
85 cm				
306 cm				
819 cm				
270 cm				

b)	**m**	**dm**	**cm**	
1,07 m				1 m 7 cm
0,65 m				
5,98 m				
6,40 m				
7,09 m				

1 Kannst du eine Strecke nennen, die ungefähr einen Kilometer lang ist?

2 Wie könnt ihr eine Strecke von 1 km Länge messen? Lauft diese Strecke ab. Zählt dabei eure Schritte.

3 Ergänzt zu 1 km.

200 m + □ m = 1 km
500 m + □ m = 1 km
375 m + □ m = 1 km
□ m + 497 m = 1 km
□ m + 185 m = 1 km

4
1 km – 300 m = □ m
1 km – 999 m = □ m
1 km – 650 m = □ m
1 km – 503 m = □ m
1 km – 727 m = □ m
1 km – 242 m = □ m

Gespräch über große Entfernungen,
Strecken messen und ablaufen; zu 1 km ergänzen

1. Nina kann vom Eingang Elefantentor aus auf verschiedenen Wegen zu den Eisbären gehen. Wie lang sind die Wege?

2. Karl ist auf dem Kinderspielplatz. Von dort aus möchte er zum Kinder-Zoo. Wie weit muss er laufen, um die Streicheltiere zu erreichen?

3. Michael steht am Eingang Löwentor. Er möchte zu den Giraffen.

4. Jana hat sich die Raubtiere angesehen. Nun möchte sie zu den Pinguinen.

5. Judith ist bei den Großen Pandas. Sie will sich jetzt die Kängurus anschauen.

6. Alina legt auf dem Weg zu den Schimpansen eine Strecke von 700 m zurück. Wo könnte sie losgegangen sein?

7. Lennart geht von der Flusspferdanlage zu den Robben. Er möchte die Fütterung beobachten. Er hat schon 380 m zurückgelegt. Wie weit ist es noch?

Im Zoo herumlaufen auf verschiedenen Wegen;
Tiere kennenlernen

Körper

Sebastian, Rebecca und Manuela haben einen Roboter aus verschiedenen Körpern gebastelt.
Sie haben Schachteln, Rollen aus Pappe, Papierkugeln, Perlen, Steckwürfel und Trinkhalme gesammelt.

1 So sieht der Roboter von verschiedenen Seiten aus.

a)

b)

c)

d)

Ordne zu: Von rechts – von links – von hinten – von oben.

2 Die Schachteln wurden mit farbigem Papier beklebt.
Rebecca hat es so gemacht:

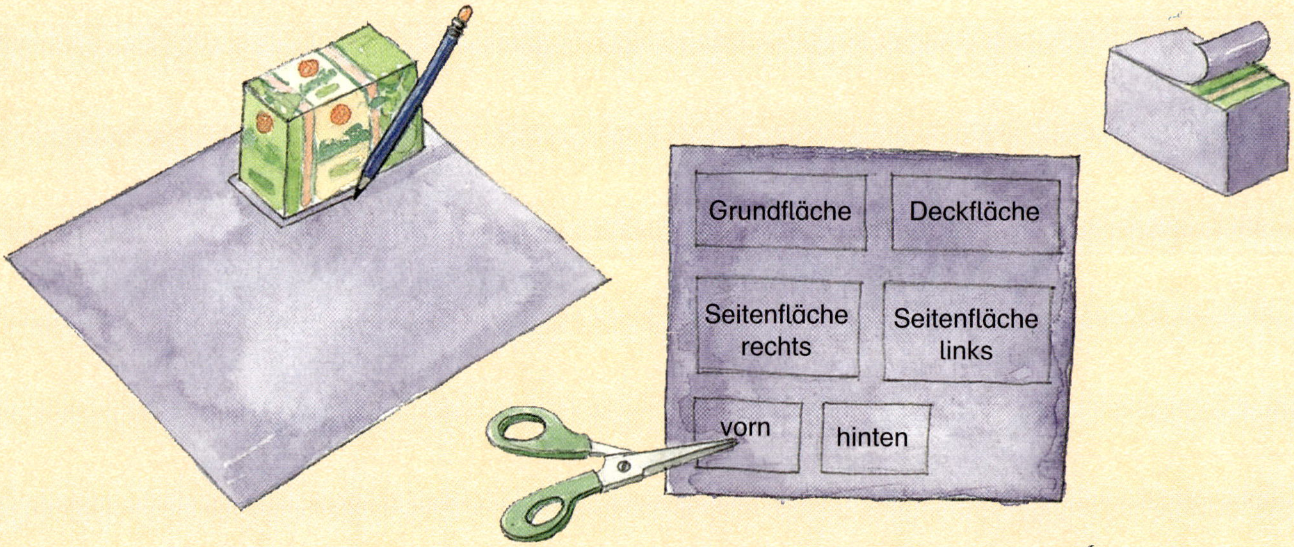

Die verschiedenen Körperformen erkennen und unterscheiden;
von einem Schrägbild ausgehend verschiedene Seitenansichten unterscheiden;
die verschiedenen Seitenflächen von Körpern benennen

1 Sebastian hat überlegt, wie er im letzten Schuljahr den Faltquader gekippt hat.

Er sagt: „So geht das Ausschneiden leichter."

2 „Am einfachsten geht es so", meint Lena.

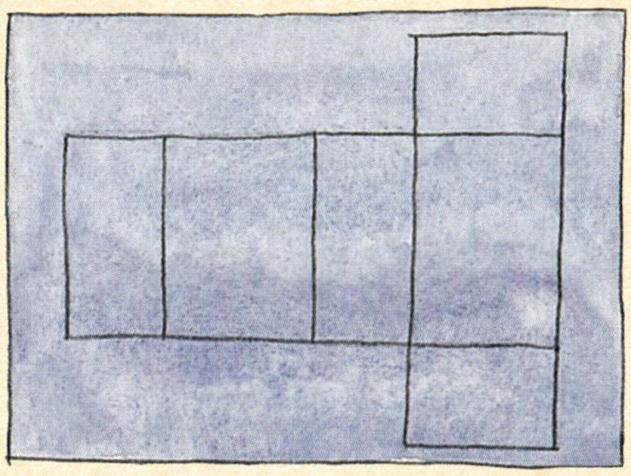

„Dann hängt alles zusammen und braucht nur noch gefaltet zu werden."

Wenn alle Flächen zusammenhängen und daraus ein Körper gefaltet werden kann, spricht man vom **Netz des Körpers**.

3 Das sind Netze von Körpern:

A

B

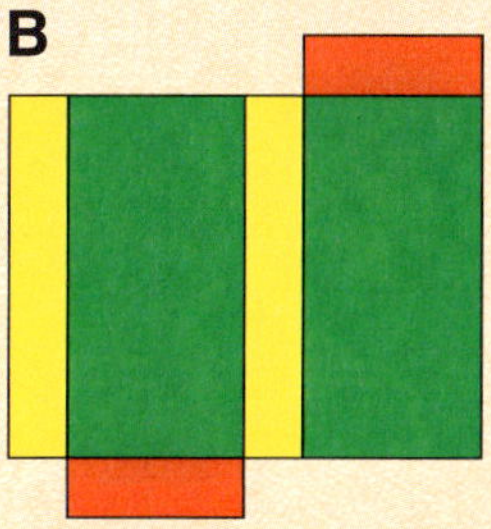

C

D

a) Ordne zu:

Walze oder Zylinder

Würfel

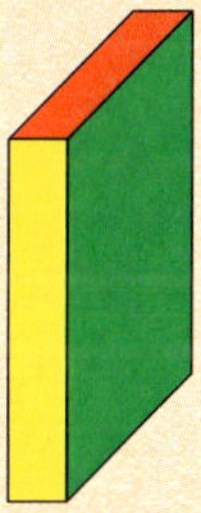

Quader

Quader

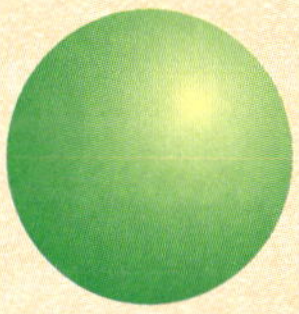

Kugel

b) In welchen Netzen findest du Rechtecke, Quadrate oder Kreise?

4 Suche Körperformen in den Fotos und in deiner Umgebung.

1 Sechs Quadrate wurden immer so zusammengeklebt, dass sie mindestens eine gemeinsame Kante haben:

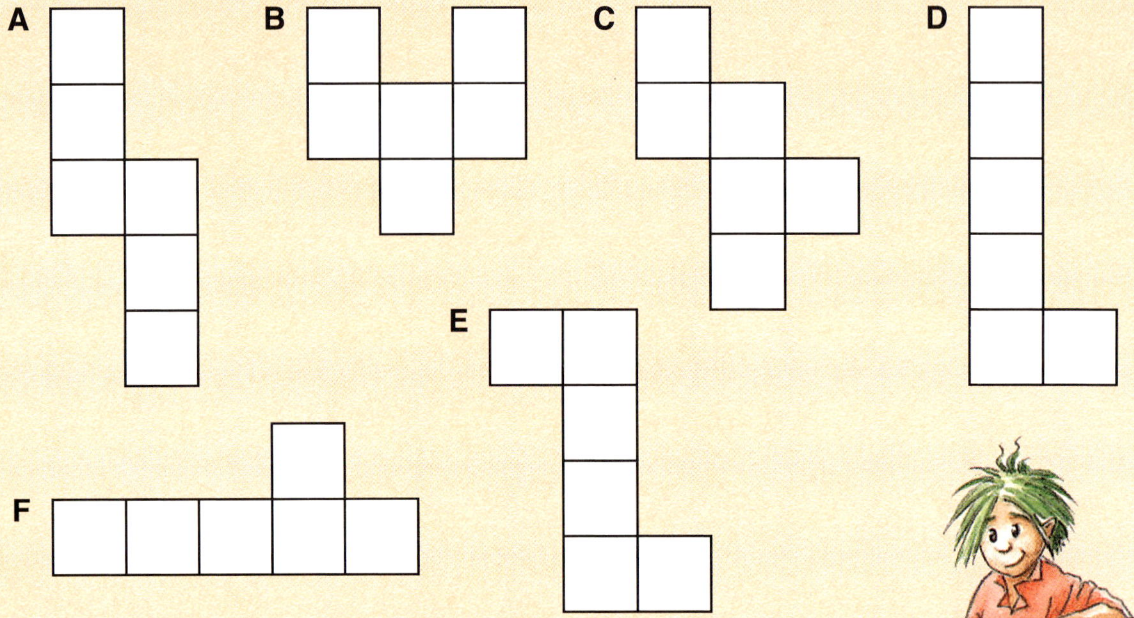

a) Überlege, aus welchen Netzen sich Würfel falten lassen. Begründe deine Vermutungen.

b) Stelle die „Quadratsechslinge" **A** bis **F** aus Quadraten her. Aus welchen lassen sich Würfel falten? Stimmt das Ergebnis mit deiner Vermutung überein?

2 Erfinde noch andere Würfelnetze. Färbe gegenüberliegende Flächen.

3 Wenn du Würfelnetze zu Würfeln zusammenkleben willst, brauchst du **Klebelaschen**.

a) Überlege, wie viele du brauchst und an welchen Kanten sie angebracht werden müssen.

b) Probiere aus, ob deine Vermutung stimmt. Schreibe die Nummern der Klebelaschen auf, die erforderlich sind, um alle Kanten sauber zu verkleben. Es gibt mehrere Lösungen.

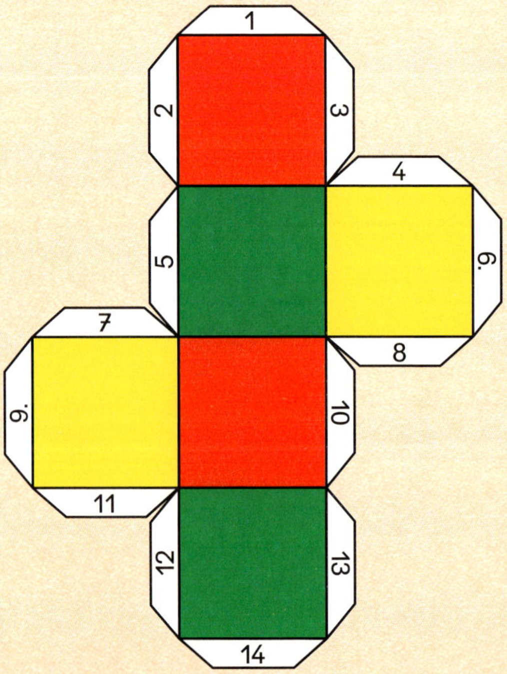

❶ Sechs Quadrate zu verschiedenen Netzen zusammensetzen; aus diesen Netzen durch Ausprobieren Würfelnetze aussondern und weitere Würfelnetze erfinden
❸ Anzahl und Anordnung von Klebelaschen bei Würfelnetzen untersuchen

Falte und klebe den Quader und den Würfel aus der Beilage zusammen.

1 Stelle die beiden Körper so auf:

Ansicht von **hinten**

Ansicht von **oben**

Ansicht von **vorne**

2 Wie standen die beiden Körper? Stelle nach.

a) Ansicht von links

von oben

b) Ansicht von rechts

von vorne

c) Ansicht von oben

von rechts

d) Ansicht von links

von hinten

a)	**b)**	**c)**
5 · 3 + □ = 3 · 6	70 − □ = 10 · 5	25 : 5 + □ = 16
9 · 4 + □ = 6 · 6	60 − □ = 5 · 10	64 : 8 + □ = 27
2 · 3 + □ = 1 · 6	50 − □ = 9 · 5	4 : 2 + □ = 31
7 · 6 − □ = 10 · 3	90 − □ = 6 · 10	36 : 6 + □ = 38
4 · 6 − □ = 6 · 3	40 − □ = 4 · 5	81 : 9 + □ = 48

0 0 3 5 6 10 11 12 19 20 20 29 30 32 39

Verschiedene Ansichten von Körpern im Raum unterscheiden und dabei Raum-Lage-Beziehungen üben und festigen

Addieren und Subtrahieren bis 1000

Wenn du von einer Zahl die Ziffern zusammenzählst,
erhältst du die **Quersumme** der Zahl:

4 + 8 + 1 = 13
Die Quersumme (QS) von 481 ist 13.

1 Berechne von diesen Zahlen die Quersummen.

a)	b)	c)	d)	e)
368	999	648	102	999
574	101	226	41	688
291	677	451	294	31
555	838	86	742	204
306	209	305	421	878

a) 45 : 9
40 : 4
48 : 8
49 : 7

b) 21 : 7
24 : 3
20 : 2
25 : 5

c) 24 : 3 + ☐ = 10
20 : 2 + ☐ = 30
12 : 3 + ☐ = 11
16 : 2 + ☐ = 13

2 3 5 5 5 6 7 7 8
10 10 20

2 Viele Zahlen haben die gleiche Quersumme (QS).

QS 10 : 55 | 361 | 613 | 901 | 442 | 64 | ...

Finde Zahlen zur

a) QS 9 **b)** QS 15 **c)** QS 12 **d)** QS 18

3 Bei diesen Zahlen fehlt eine Ziffer. Ergänze.

a) QS 8: 4☐3, ☐33, 31☐, 5☐, 2☐6, 13☐

b) QS 14: 7☐4, 2☐9, 25☐, ☐7, 55☐, ☐38

Von jetzt an sind die Quersummen der Lösungen oft den Aufgaben hinzugefügt.
So kannst du prüfen, ob deine Ergebnisse richtig sind.

Das Berechnen von Quersummen als Summen der Ziffern einer Zahl ohne Rücksicht auf ihren Stellenwert kennen lernen; Quersummen zur Kontrolle von Ergebnissen verwenden

Findest du noch andere Lösungswege?

Wie rechnest du diese Aufgaben?

1	2	3	4
644 + 31	174 + 15	318 + 48	748 + 24
408 + 51	134 + 64	576 + 15	336 + 57
272 + 25	253 + 35	335 + 58	817 + 44
421 + 65	732 + 42	429 + 36	528 + 18
563 + 13	445 + 32	746 + 25	619 + 35
(alle QS 18)	(alle QS 18)	(alle QS 15)	(alle QS 15)

5

					a)	b)	c)	d)
549	144	315	738	+	44	35	26	17

Alle Ergebnisse haben die QS 17.

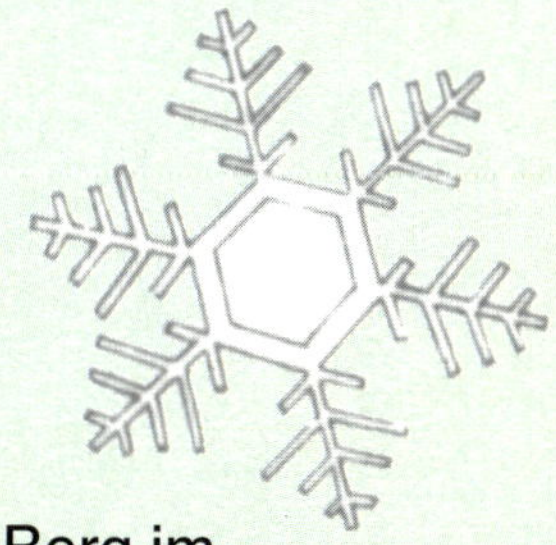

6 Die Schneehöhe auf dem 1 493 m hohen Feldberg, dem höchsten Berg im Schwarzwald, betrug am 6. Januar 115 cm. Danach fielen am 7. Januar 25 cm und am 8. Januar sogar 32 cm Neuschnee.

Über unterschiedliche Rechenwege bei der Addition von Zehner-Einer-Zahlen miteinander sprechen; die angewandten Rechenstrategien kennenlernen und anwenden

52 52

Von den 475 Plätzen des Kinos waren nach einer halben Stunde bereits 56 Karten verkauft.

Mathe-Konferenz

475 – 56

75 – 56 = 19
475 – 56 = 419

475 – 56 = 479 – 60

475 – 56 = 475 – 50 – 6

Welcher Weg erscheint dir am günstigsten? Begründe.

Wie rechnest du diese Aufgaben?

1	2	3
668 – 34	392 – 58	583 – 48
739 – 15	785 – 36	372 – 35
984 – 53	672 – 35	644 – 19
475 – 21	564 – 28	873 – 59
696 – 35	843 – 37	264 – 26

4 963 | 774 | 594 | 882 ⊖ a) 27 | b) 54 | c) 18 | d) 45

Alle Ergebnisse haben die QS 18.

5 Der Fernsehturm von Berlin (Foto links unten) ist 368 m hoch. Der Fernsehturm in Frankfurt am Main (Foto rechts unten) ist 37 m niedriger.

6 Der zwischen 1887 und 1889 erbaute Eiffelturm in Paris bot mit 274 m Höhe jahrzehntelang die höchste Aussichtsplattform der Welt. Erst 42 Jahre später wurde er vom Empire State Building übertroffen, dessen Außenplattform 46 m höher war.

7 Das gesamte Gebäude des Empire State Building in New York mit seinen 102 Etagen hat eine Höhe von 381 m. Auf dem Dach steht noch ein 68 m hoher Fernsehmast.

Über unterschiedliche Rechenwege bei der Subtraktion von Zehner-Einer-Zahlen miteinander sprechen; die angewandten Rechenstrategien untersuchen und anwenden

Rechne auch diese Rechen-Rollen.

1 5 + 3
15 + 3
115 + 3
215 + 3
325 + 3
405 + 3
475 + 3
655 + 3

2 3 + 4
13 + 4
113 + 4
243 + 4
353 + 4
463 + 4
813 + 4
973 + 4

3 6 + 5
16 + 5
116 + 5
·
·
·

4 5 + 8
15 + 8
115 + 8
·
·
·

Erfinde weitere Aufgaben zu den Rechen-Rollen.

5 9 − 6
19 − 6
119 − 6

6 7 − 3
17 − 3
117 − 3

7 14 − 6
24 − 6
124 − 6

8 13 − 8
23 − 8
123 − 8

9 Beim höchsten Wasserfall der Welt, dem Salto del Angel in Venezuela, fällt das Wasser 979 m in die Tiefe. Der Tugela-Wasserfall in Südafrika kommt mit 32 m weniger auf Platz 2.

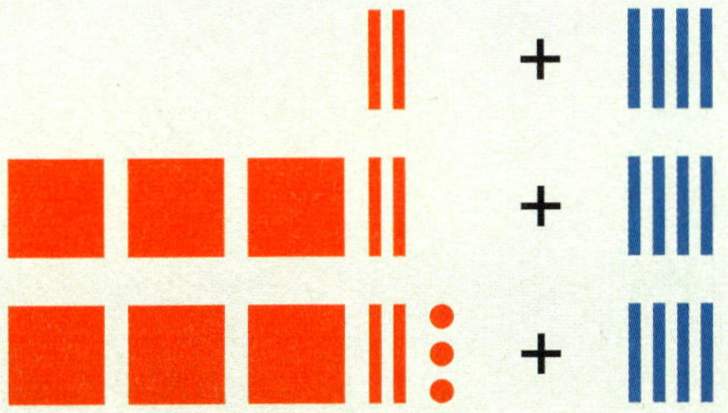

H	Z	E		H	Z	E		H	Z	E
	2	0	+		4	0	=		6	0
3	2	0	+		4	0	=	3	6	0
3	2	3	+		4	0	=	3	6	3

1 50 + 30
250 + 30
256 + 30
459 + 30

2 20 + 20
320 + 20
328 + 20
726 + 20

3 80 − 50
180 − 50
385 − 50
687 − 50

4 70 − 40
170 − 40
277 − 40
571 − 40

5 90 − 70
390 − 70
491 − 70
896 − 70

6 (+)
a) 60
b) 340
c) 425
d) 638

20
30
40
50

7 (−)
a) 90
b) 290
c) 388
d) 579

40
50
60
70

H	Z	E		H	Z	E		H	Z	E
3	7	6	−	2	0	0	=	1	7	6

8

						a)	b)	c)
475	538	792	646	888	−	200	300	400

9

374	216	192	467	535	+	200	300	400

10 Rechne die Kettenaufgaben.

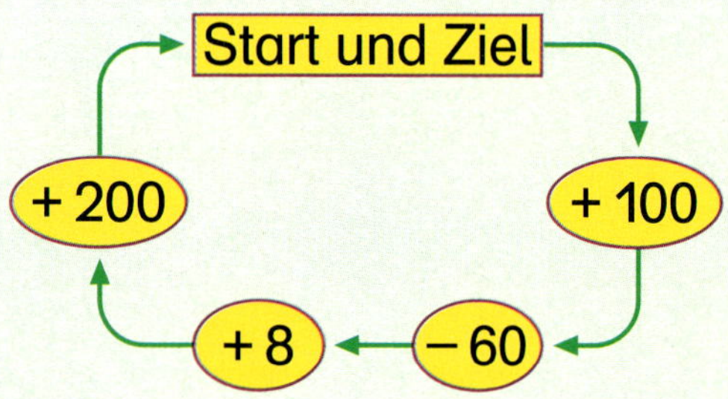

	Start	Ziel 1. Runde	Ziel 2. Runde
a)	400	648	896
b)	230	478	726
c)	342	590	838
d)	195	443	691
e)	504	752	1000

1

Mark, Hannah, Ole und Lisa sammelten als Sternsinger in den ersten beiden Tagen 216 € für Kinder in Afrika.
Am dritten Tag kamen noch einmal 76 € hinzu.

2
868 + 43 (QS 11)
656 + 37 (QS 18)
796 + 59 (QS 18)
243 + 75 (QS 12)

3
457 − 63 (QS 16)
865 − 42 (QS 13)
216 − 49 (QS 14)
759 − 75 (QS 18)

4
364 − 92 (QS 11)
532 − 46 (QS 18)
476 + 52 (QS 15)
543 + 47 (QS 14)

5 a)

b)

c)

6

					a)	b)	c)
364	513	786	839	+	25	36	57

7

622	843	418	556	−	35	46	66

8 Für die Sammlung „Brot für die Welt" wurden in Grömbach 635 € in den Sammeltüten abgegeben. Dazu kamen noch 56 €, die im Gottesdienst am Sonntag gespendet wurden.

a)	b)	c)
5 · 3 = □ + 5	7 · 9 = □ − 10	3 · 8 + □ = 32
5 · 4 = □ + 6	7 · 8 = □ − 9	6 · 3 + □ = 25
5 · 5 = □ + 7	7 · 7 = □ − 8	7 · 4 + □ = 33
5 · 6 = □ + 8	7 · 6 = □ − 7	8 · 9 + □ = 80
5 · 7 = □ + 9	7 · 5 = □ − 6	5 · 6 + □ = 31

1 5 7 8 8 10 14 18 22 26 41 49 57 65 73

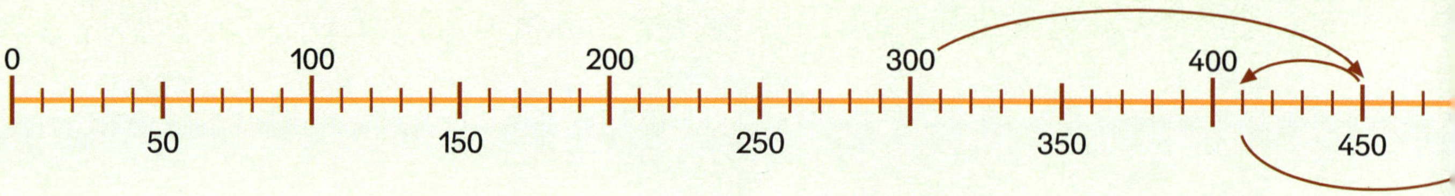

Springer

Die Ergebnisse von Rechnungen in **a)** sind Anfangszahlen einer neuen Aufgabe in **b)**. Die Ergebnisse von Rechnungen in **b)** sind dann wieder Anfangszahlen einer neuen Aufgabe in **a)** usw.

> 300 + 150 = 450 450 – 40 = 410 410 + 90 = □

1

a)
300 + 150
260 + 100
400 – 30
490 + 60
410 + 90
800 – 600

b)
500 + 300
370 + 120
550 – 250
450 – 40
200 + 60
360 + 40

2

a)
1000 – 300
600 – 400
810 – 100
800 – 150
900 – 30
950 – 60

b)
910 + 40
890 – 290
700 + 200
870 – 60
200 + 600
650 + 350

3

a)
620 + □ = 800
340 + □ = 400
90 + □ = 500
440 + □ = 550
520 + □ = 720
120 + □ = 200

b)
200 + □ = 820
260 + □ = 600
110 + □ = 200
60 + □ = 500
410 + □ = 530
80 + □ = 600

c)
□ + 300 = 490
□ + 150 = 780
□ + 720 = 950
□ + 270 = 590
□ + 90 = 700
□ + 330 = 660

4

a)
630 – □ = 310
330 – □ = 240
560 – □ = 410
610 – □ = 560
550 – □ = 350
350 – □ = 180

b)
□ – 630 = 240
□ – 880 = 110
□ – 410 = 80
□ – 450 = 450
□ – 320 = 60
□ – 570 = 30

5 Setze ein: 60, 70, 120, 630, 640.
300 + □ > 410
720 + □ < 800
150 + □ = 780
270 + □ > 900
170 + □ < 260

a)
25 – 6
125 – 6
325 – 6
525 – 6
725 – 6

b)
17 + 8
117 + 8
217 + 8
617 + 8
917 + 8

c)
31 – 7
131 – 7
331 – 7
431 – 7
831 – 7

d)
19 + 9
119 + 9
519 + 9
719 + 9
919 + 9

Aufgabenreihen mit den gelernten Rechentechniken bei der Addition und Subtraktion von reinen Zehner- und Hunderterzahlen lösen; dabei den Zahlenstrahl als Hilfe benutzen und Selbstkontrollen anwenden

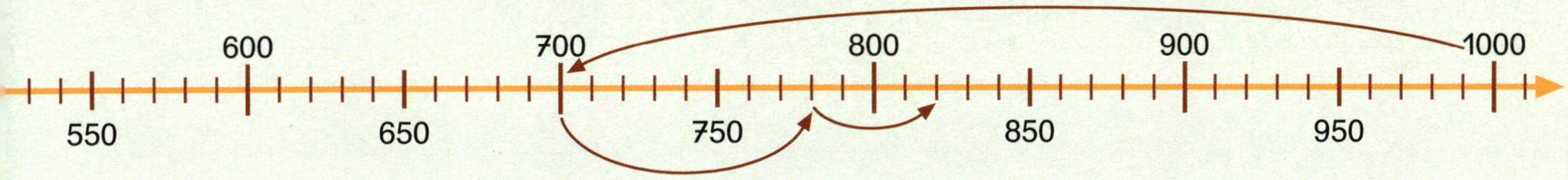

Rechne die Aufgaben in der richtigen Reihenfolge als Kettenaufgaben.

1000 – 300 = 700   700 + 80 = 780   780 + 40 = ☐

1
- 1000 – 300
- 500 – 40
- 330 + 260
- 600 + 400
- 780 + 40
- 400 – 70
- 590 + 10
- 460 – 60
- 820 – 320
- 700 + 80

2
- 250 + 250
- 460 + 130
- 200 + 800
- 950 – 300
- 700 – 500
- 1000 – 50
- 650 – 100
- 500 – 40
- 590 + 110
- 550 – 300

3
- 600 – 500
- 800 – 200
- 190 + 110
- 500 – 440
- 400 – 200
- 120 + 680
- 100 + 90
- 60 + 340
- 300 + 200
- 200 – 80

4 Schreibe die Aufgaben in dein Heft.

a)

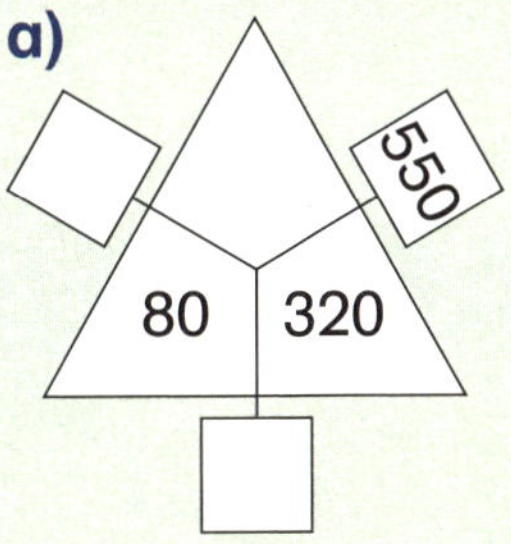

b)

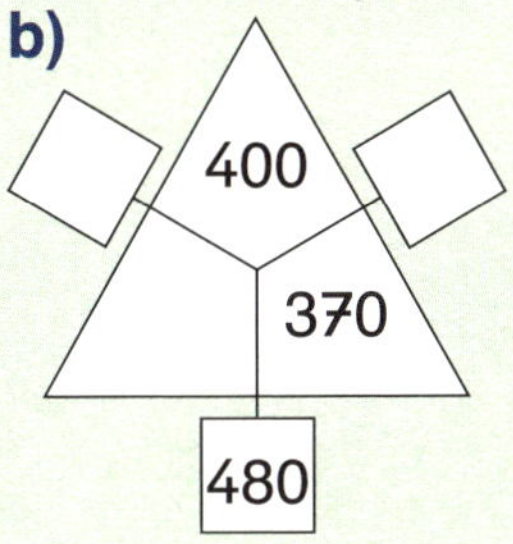

5 <, > oder =?

- 700 – 140 ◯ 550
- 500 – 170 ◯ 330
- 880 – 320 ◯ 570
- 790 – 550 ◯ 250
- 810 – 200 ◯ 610
- 400 – 160 ◯ 230

6 Würfelspiel *1000 gewinnt*

Spielregel: Gewürfelt wird mit **einem** Würfel. Bei jedem Wurf kann entschieden werden, ob er als Einer oder Zehner oder Hunderter geschrieben und dazu gezählt wird. Wer zuerst 1000 erreicht (oder am nächsten daran ist) ist Sieger.

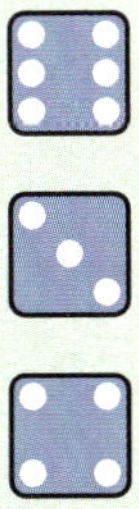

T	H	Z	E
	6	0	0
	9	0	0
	9	4	0

T	H	Z	E
		1	0
	5	1	0
	8	1	0

❻ Die verschiedenen Stellenwerte beim Würfeln erfahren und diese mit Glück und Strategie ausnutzen, um durch fortlaufende Addition der gebildeten Zahlen möglichst nahe an Tausend zu gelangen

Kleine Sprünge

1
496 + 5
399 + 4
795 + 8
698 + 3

2
205 – 8
601 – 3
803 – 7
902 – 6

3
897 + ☐ < 905
396 + ☐ = 404
607 – ☐ > 599
503 – ☐ > 498

Tipp
Wenn du dir die Rechnung nicht merken kannst, schreibe Zwischenschritte auf.

4
a) 804, 802 | +9, 796, +7, +4 | 801
b) 504 | +9, +8, 498, +4 | 505, 501
c) 698 | –6, –8, 703, –4 | 703, 696

Größere Sprünge

5
182 + 70
456 + 90
357 + 60
693 + 80

6
564 – 80
716 – 30
955 – 60
823 – 70

7
343 – ☐ = 273
521 – ☐ = 481
276 + ☐ = 326
784 + ☐ = 814

8
758 + ☐ < 818
393 + ☐ = 443
817 – ☐ > 727
456 – ☐ = 386

Kettenrechnungen

9 140 [+ 70] = 210   210 [+ 70] = 280   280 [+ 70] = 350   350 [+ 70] = ☐
und so weiter bis 840

10 920 [– 50] = ☐
immer [– 50] bis 420

11 280 [+ 40] = ☐
immer [+ 40] bis 680

12 990 [– 80] = ☐
immer [– 80] bis 190

Hunderterübergänge bei der Addition und Subtraktion zunächst mit Einern, dann mit reinen Zehnerzahlen üben

1 | 380 + 50 |
381 + 50
383 + 50
385 + 50
387 + 50

2 | 470 + 40 |
470 + 41
470 + 43
470 + 46
470 + 49

3 | 530 − 70 |
532 − 70
535 − 70
538 − 70
539 − 70

4 | 690 + 70 |
693 + 70
695 + 70
□ + 70
□ + 70

5 | 740 − 80 |
743 − 80
□ − □
□ − □
□ − □

6 Suche die passenden leichten Aufgaben.

a) 684 + 60
□ + 60

b) 759 − 60
□ − 60

c) 336 + 80
□ + 80

d) 722 − 50
□ − 50

e) 435 − 80
□ − 80

7 **a)** 583 + □ = 653
↓ ↓
| 580 + □ = 650 |

b) 817 − □ = 477
↓ ↓
| 810 − □ = 470 |

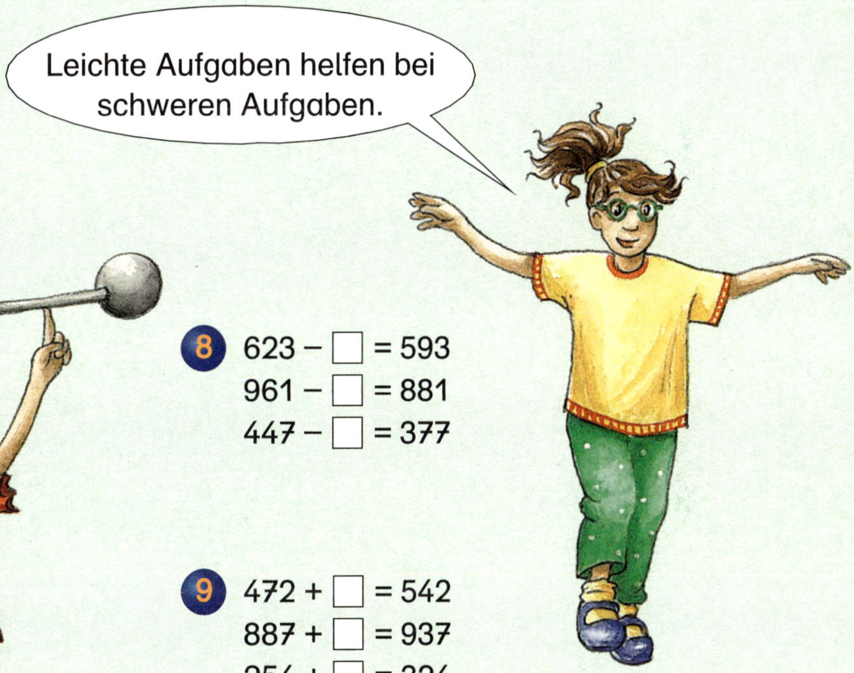

8 623 − □ = 593
961 − □ = 881
447 − □ = 377

9 472 + □ = 542
887 + □ = 937
254 + □ = 324

10 **a)** 456 + 89 = □
| 456 + 90 = 546 | − 1

b) 827 − 38 = □
| 827 − 40 = 787 | + 2

c) 368 + 86 = □
| 370 + 86 = 456 | − 2

11 **a)** 371 − 88
537 − 51
649 − 75
725 − 63

b) 289 + 74
334 + 69
865 + 98
688 + 52

c) 516 − 98
846 − 72
274 + 37
454 + 61

d) 554 + 49
796 + 62
818 − 79
345 − 81

e) 948 − 63
726 − 58
673 − 88
456 − 92

Die Ergebnisse beim Lösen leichter Aufgaben aus dem Grundbestand von Rechenfertigkeiten auf schwierigere Nachbaraufgaben übertragen und dadurch Rechenvorteile ausnutzen

1 **a)** 194 + 28
349 + 75
673 + 39
536 + 77

b) 486 + 39
297 + 61
825 + 36
173 + 54

c) 152 − 63
367 − 92
524 − 74
818 − 47

d) 113 − 55
744 − 88
242 − 72
908 − 99

89 170 275 58 222 227 350 424 450 613 656 712 525 771 809 861

2 **a)** 324: − 47, − 69, − 75, − 99, − 31

b) 716: − 57, − 65, − 39, − 64, − 28

c) 273: + 83, + 75, + 59, + 17, + 36

d) 867: + 69, + 36, + 56, + 72, + 49

225 249 225 277
290 293 309 348
356 651 652 659
677 688 903 916
923 936
939

Springer

3 **a)** 1000 − 300
647 + 68
869 − 80
989 − 49
529 + 400
515 − 37

b) 715 − 200
478 + 51
700 − 53
789 + 200
940 + 60
929 − 60

4 **a)** 500 − 49
683 − 100
808 − 58
151 + 67
300 + 600
308 − 83

b) 225 + 75
218 + 90
750 − 67
583 − 83
451 − 300
900 − 92

Kettenaufgaben

5 **a)** 276 + 39 + 39 … bis 666

b) 307 + 47 + 47 … bis 777

c) 724 − 28 − 28 … bis 444

d) 979 − 53 − 53 … bis 555

a) 3 · 7
3 · 9
3 · 11

b) 5 · 4
5 · 8
5 · 12

c) 7 · 7
8 · 8
9 · 9

d) 2 · 4
2 · 8
4 · 8

e) 6 · 3
6 · 6
6 · 9

8 16 18 20 21
27 32 33 36 40
49 54 60 64 81

❸ – ❹ Springer: Ergebnisse von a) sind Anfangszahlen bei b).
Ergebnisse von b) sind Anfangszahlen bei a) usw.
❺ Kettenaufgaben: so oft addieren oder subtrahieren, bis die Endzahl erreicht ist

Treppenzahlen

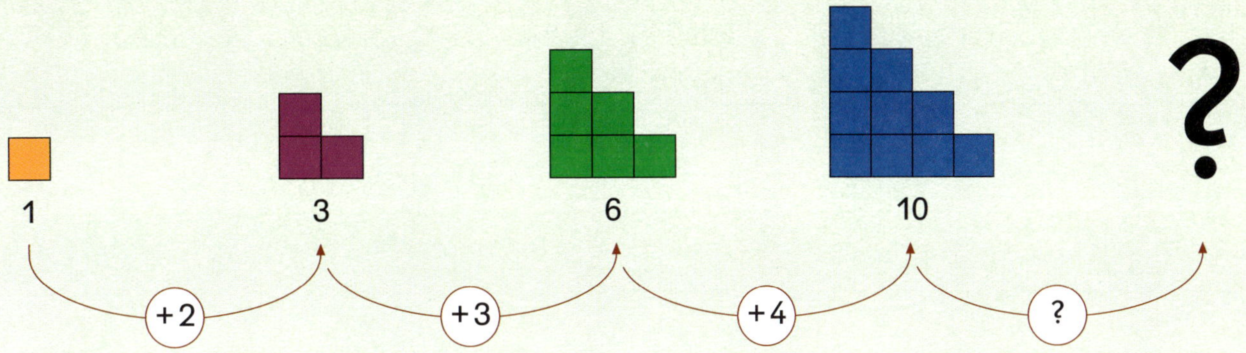

1. Kannst du die nächsten zehn „Treppenzahlen“ bis 105 finden? Baue, zeichne, rechne.

2. Addiere immer zwei aufeinander folgende „Treppenzahlen“. Untersuche die entstandenen Ergebnisse.

3. Schreibe zu jedem Quadrat die Malaufgabe.

Zahlentreppen

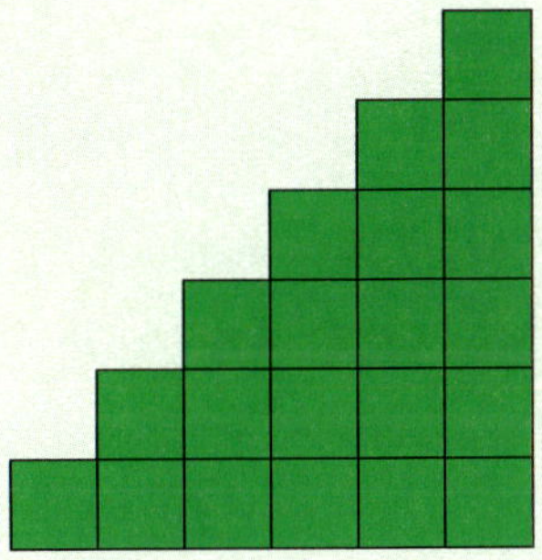

1 + 2 + 3 + 4 + 5 + 6 = □

Wenn die Treppe etwas umgebaut wird, ist es leichter.

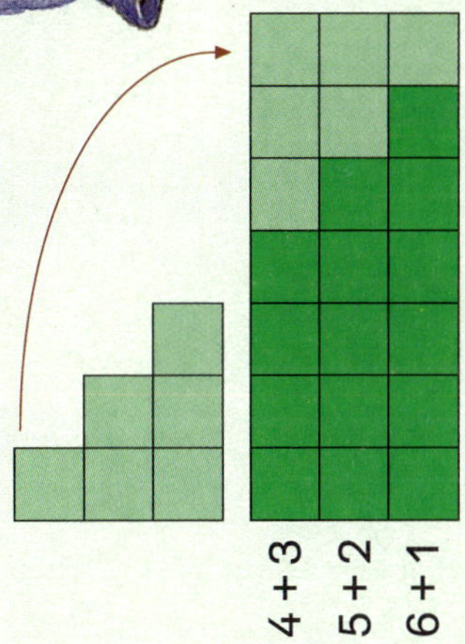

3 · 7 = □

4. Zeichne zuerst, dann berechne geschickt.

   a) 1 + 2 + 3 … + 10 = □

   b) 10 + 11 + 12 … + 20 = □

5. Als der später weltberühmte Mathematiker Carl Friedrich Gauß (1777 bis 1855) im 3. Schuljahr war, stellte der Lehrer die Aufgabe, die Zahlen von 1 bis 100 zusammen zu zählen. Gauß hatte in kurzer Zeit die Lösung. Wie hat er wohl gerechnet?

Die Struktur von Zahlenreihen untersuchen und die Reihen fortsetzen; durch geometrisches Umbauen von Zahlenreihen die Addition der Einzelglieder vereinfachen

1 Stellentausch

Von einer zweistelligen Zahl sollen die Ziffern vertauscht werden. Tippe eine beliebige zweistellige Zahl in deinen Taschenrechner. Nun musst du [+] oder [–] drücken und noch eine passende Zahl eingeben, dann [=] drücken, so dass die Ziffern vertauscht werden, sie einen „Stellentausch“ machen.

[79] dann [+] und [1] [8] [=] [97]
[41] dann [–] und [2] [7] [=] [14]
Schreibe so ins Heft: 79 + 18 = 97
41 – 27 = 14

2 Druckstellen

Gib ein beliebiges Ziffernpaar ein, das auf der Tastatur untereinander steht, z. B. [96]. Davon soll das umgekehrte Ziffernpaar subtrahiert werden, also [–] [6] [9] [=] [27].
Gilt das für alle Paare? Probiere aus.

3 Eingegeben wird [12]. Es dürfen nur die Tasten [–] und [1] oder [2] gedrückt werden. Der Taschenrechner wird abwechselnd benutzt. Gewonnen hat, wer genau [0] erreicht.

4 Es geht auch umgekehrt. Eingabe [0], Tasten [+] und [1] oder [2]. Gewonnen hat, wer genau [12] erreicht.

5 Eingegeben wird [21].
Es dürfen nur die Tasten [–] und [1] oder [2] oder [3] gedrückt werden. Der Taschenrechner wird abwechselnd benutzt. Gewonnen hat, wer zuerst [0] erreicht.

6 Die Zahl [67] soll erreicht werden. Es dürfen alle Ziffern, aber nicht die [0], und die [+]-Taste benutzt werden. Wer die [67] zuerst erreicht, ist Sieger.

7 Fünf mal fünf

Es dürfen nur die Tasten [+] [–] [×] [÷] [=] gedrückt werden und dazu noch fünfmal die Ziffertaste [5]. Damit muss die Zielzahl 1 erreicht werden.

[5] —[×] [5]→ [25] —[+] [5]→ [30] —[÷] [5]→ [6] —[–] [5]→ [1]

a) Finde andere Wege.

b) Findest du mit der gleichen Regel Wege zu diesen Zielzahlen:
[2] [3] [4] [5] [6] [7] [8] [9]

Arithmetische „Kunststücke“ durch Strategieentwicklungen lösen und den Taschenrechner dabei als Hilfsmittel benutzen

1
5 + 4
50 + 40
500 + 400

2
7 − 5
70 − 50
700 − 500

3
470
70
380

4
800
120
140

5
328 + 30
716 + 50
587 − 60
896 − 50

6
298 + 7
699 + 4
703 − 8
506 − 9

7
436 + 300
184 + 600
527 − 200
959 − 500

8

					a)	b)	c)
242	619	451	736	+	43	56	68

9

					a)	b)	c)
763	589	275	854	−	37	62	76

10
184 + 92
339 + 75
846 + 61
216 + 84

11
586 − 86
750 − 63
903 − 75
445 − 98

12 >, < oder =?
412 + 53 ◯ 460
517 − 20 ◯ 499
290 + 46 ◯ 336
681 − 75 ◯ 605

64 64

Einmaleins mit Zehnerzahlen

1

1 · 1	2 · 1	3 · 1	4 · 1	5 · 1	6 · 1	7 · 1	8 · 1	9 · 1	10 · 1
1 · 2	2 · 2	3 · 2	4 · 2	5 · 2	6 · 2	7 · 2	8 · 2	9 · 2	10 · 2
1 · 3	2 · 3	3 · 3	4 · 3	5 · 3	6 · 3	7 · 3	8 · 3	9 · 3	10 · 3
1 · 4	2 · 4	3 · 4	4 · 4	2 · 4	6 · 4	7 · 4	8 · 4	9 · 4	10 · 4
1 · 5	2 · 5	3 · 5	4 · 5	5 · 5	6 · 5	7 · 5	8 · 5	9 · 5	10 · 5
1 · 6	2 · 6	3 · 6	4 · 6	5 · 6	6 · 6	7 · 6	8 · 6	9 · 6	10 · 6
1 · 7	2 · 7	3 · 7	4 · 7	5 · 7	6 · 7	7 · 7	8 · 7	9 · 7	10 · 7
1 · 8	2 · 8	3 · 8	4 · 8	5 · 8	6 · 8	7 · 8	8 · 8	9 · 8	10 · 8
1 · 9	2 · 9	3 · 9	4 · 9	5 · 9	6 · 9	7 · 9	8 · 9	9 · 9	10 · 9
1 · 10	2 · 10	3 · 10	4 · 10	5 · 10	6 · 10	7 · 10	8 · 10	9 · 10	10 · 10

5 · 5 = 25
5 · 50 = 250

7 · 9 = 63
7 · 90 = 630

6 · 3 = 18
6 · 30 = ☐

8 · 4 = 32
8 · 40 = ☐

10 · 10 = 100
10 · 100 = ☐

Klappt das auch mit den Tauschaufgaben?

2

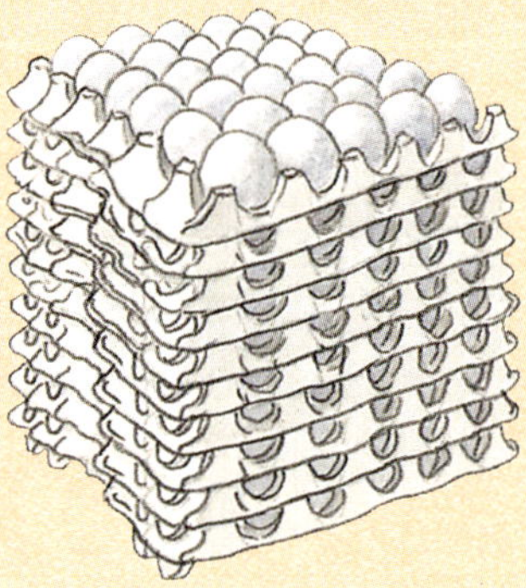

1 · 30 = 30
2 · 30 = 60
3 · 30 = ☐
4 · 30 = ☐
5 · 30 = ☐
…
10 · 30 = ☐

3

1 · 10 = 10
2 · 10 = 20
3 · 10 = 30
4 · 10 = 40
…
12 · 10 = 120

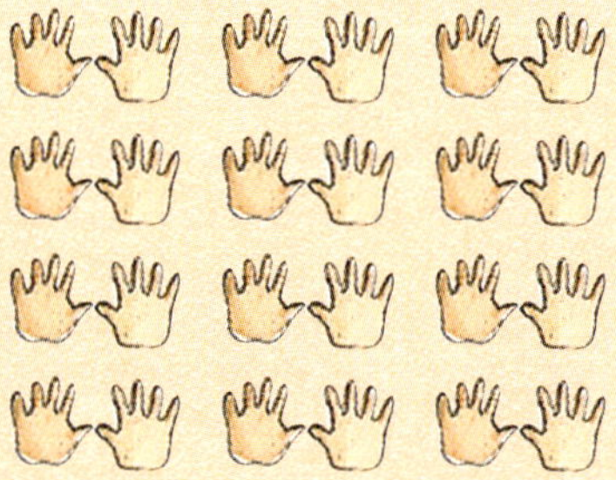

Rechne vorteilhaft.

a)	b)	c)	d)	e)
316 + 99	517 + 399	245 + 102	428 + 97	504 + 396
438 + 199	265 + 499	651 + 98	498 + 102	301 + 299
652 + 299	537 + 99	376 + 101	297 + 503	399 + 401

347 415 477 525 600 600 636 637 749 764 800 800 900 916 951

Analogien;
Behandlung der Multiplikation mit Zehnerzahlen

10	20	30	40	50	60	70	80	90	100
	120		140	150	160		180		200
210			240	250		270	280		300
	320			350	360				400
	420			450			480	490	500
			540		560				600
		630	640						700
	720								800
810									900
									1000

1 Ein Forschungsauftrag für die ganze Klasse

Wie viele Aufgaben aus dem Einmaleins und dem Zehnereinmaleins findet ihr zu den Zahlen in der Tabelle?

a) Schätzt zuerst die mögliche Anzahl. Denkt dabei auch an die Tauschaufgaben.

b) Überlegt euch, wie ihr vorgehen wollt. Es muss nicht jeder alle Aufgaben finden.

c) Schreibt die Aufgaben auf. Überprüft, ob Aufgaben mehrmals vorkommen.

d) Zählt die Aufgaben und vergleicht mit eurer Schätzung.

1

2

12 : 4 = □
12 : 3 = □
120 : 4 = □
120 : 3 = □
120 : 40 = □
120 : 30 = □

3

30 : 5 = □
30 : 6 = □
300 : 5 = □
300 : □ = 50
300 : 50 = □
300 : □ = 5

4

72 : 9 = □
72 : 8 = □
□ : 9 = 80
□ : 8 = 90
720 : □ = 8
720 : □ = 9

5

15 : 4 = □ Rest □
123 : 4 = □ Rest □
122 : 3 = □ Rest □
130 : 40 = □ Rest □
140 : 30 = □ Rest □

6

33 : 5 = □ Rest □
304 : 5 = □ Rest □
305 : 6 = □ Rest □
330 : 50 = □ Rest □
320 : 60 = □ Rest □

7 Sprich mit deinem Nachbarn über die Ergebnisse der Aufgabenpäckchen.

a) Was fällt euch bei 2 bis 4 auf?

b) Vergleicht auch 5 und 6.

8 Feehima hat 98 verschiedene Sticker gesammelt. Sie möchte sie in ein Album mit 30 Seiten einordnen. Auf jede Seite kann sie 3 Sticker kleben. Wie viele Sticker bleiben übrig?

9

5, 7, 9, 11 6, 8, 12	30, 50, 40, 70, 90, 100, 20	100, 150, 250, 1200, 360 240, 810, 490, 630, 550, 160

Bilde Multiplikationsaufgaben mit den Zahlen auf dem ersten und dem zweiten Zettel, die als Ergebnis eine Zahl auf dem dritten Zettel haben.

1. Erklärt Britta, wie sie rechnen könnte. Dazu könnt ihr eine Mathekonferenz durchführen und die Aufgaben gemeinsam lösen.

2. Denkt euch Aufgaben für einen eigenen Divisionswettbewerb an eurer Schule aus.

3. Vielleicht könnt ihr auch einen Multiplikations- und einen Divisionswettbewerb starten. Welche Aufgaben könntet ihr dann euren Mitschülern stellen?

4. Denkt aber daran, dass ihr eure Aufgaben selbst lösen müsst, denn sonst könnt ihr die Ergebnisse eurer Mitschüler nicht überprüfen.

Divisionswettbewerb; soziales Lernen anregen;
Zusammenhang zwischen Multiplikation und Division von Zehnerzahlen;
Analogien

1 Ein Zehner hat 10 Einer.

Zehner	1		5			10			8	13	
Einer	10	20		70	90		120	0			40

2 Ein Hunderter hat 10 Zehner und 100 Einer.

Hunderter	1		4				10				15
Zehner	10	30		70		90		20		110	
Einer	100				0				800		

3 Eine Stunde hat 60 Minuten.

Stunden	1	3	10		7		5		8		
Minuten	60			240		360		540		660	0

4 Ein Computerspiel kostet 30 €.

a) Bastian durfte sich im letzten Jahr 3 Spiele kaufen.

b) Sylvia hat fleißig gespart und sich im letzten Jahr 5 Spiele gekauft.

c) Julian hat von seinem Vater 2 Spiele geschenkt bekommen.

5 Ein Computerspiel kostet 30 €.

Spiele	1	10		4		8	12			7	
€	30		150		180			330	270		450

a) 72 : 8
35 : 7
63 : 9
24 : 6

b) 30 : 5
9 : 3
3 · 8
0 · 7

c) 6 · 2
8 · 6
7 · 9
4 · 5

d) 56 = □ · 8
16 = □ · 2
49 = □ · 7
40 = □ · 5

e) 42 = □ · 6
24 = □ · 3
40 = □ · 6 + 4
50 = □ · 8 + 2

f) 25 = □ · 3 + 4
49 = □ · 5 + 4
60 = □ · 8 + 4
85 = □ · 9 + 4

0 3 4 5 6 6 6 7 7 7 7 7 7 8 8 8 9 9 9 12 20 24 48 63

Zusammenhang zwischen Multiplikation und Division von Zehnerzahlen; Analogien

Das ist ein Zehnerzahlenmuudi:

Das will ein Zehnerzahlenmuudi werden:

1 Erfinde eigene Zehnerzahlenmuudis.

a) 428 + 32	**b)** 384 + 44	**c)** 184 − 37	**d)** 546 − 74
376 + 25	401 − 73	62 + 98	424 + 86
328 + 56	281 − 54	227 − 43	375 + 49
460 − 84	160 + 121	147 − 85	472 − 68

62 147 160
184 227 281
328 376 384
401 404 424
428 460 472
510

Zusammenhang zwischen Multiplikation und Division von Zehnerzahlen; Analogien; Muudis

Flächen

1
- Zeichne den Streifen in der angegebenen Größe auf kariertes Papier.
- Schneide ihn aus und beschrifte die Dreiecke auf der Vorderseite von oben nach unten mit den ungeraden Zahlen von 1 bis 55.
- Falte alle gezeichneten Linien nach oben.
- Die Rückseite des Streifens beschrifte von oben nach unten mit den geraden Zahlen von 2 bis 56. Unter der 1 ist dann die 2, unter der 3 die 4 usw.

2 Lege mit dem Streifen diese Figuren nacheinander aus.
Auslegeregeln:
- Die Dreiecke dürfen höchstens doppelt übereinander liegen.
- Es wird stets nach vorn gefaltet.

a)

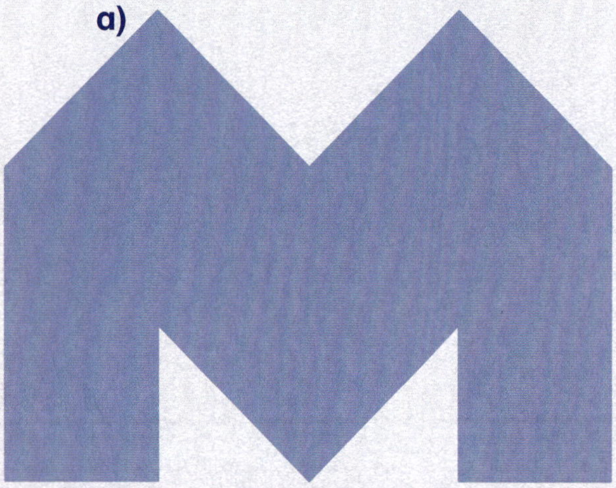

b)

c)

3 Wie viele Dreiecke sind in jeder Figur sichtbar?

4 Errechne die Summe der sichtbaren Zahlen.

Einen Faltstreifen nach Vorschrift herstellen, falten und beschriften; damit Figuren auslegen und die sichtbaren Dreiecke des Streifens auszählen (Vorerfahrungen zum Flächeninhaltsbegriff vermitteln)

1 Lege mit den Streifen diese Figuren aus.

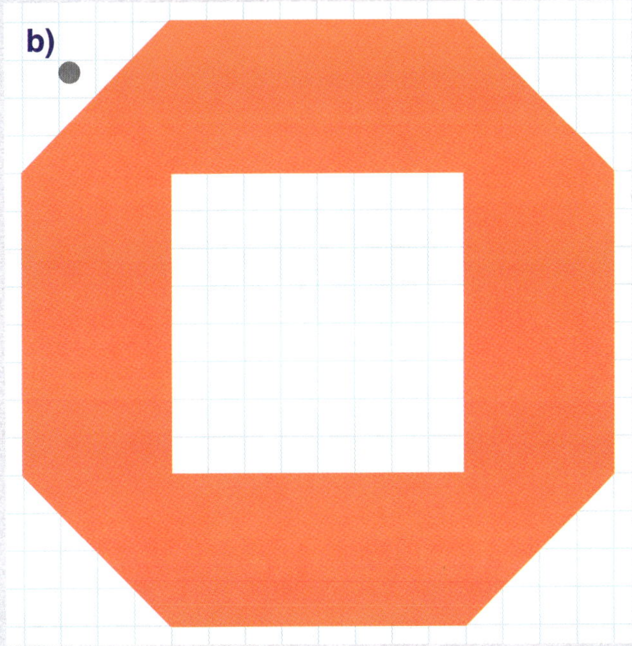

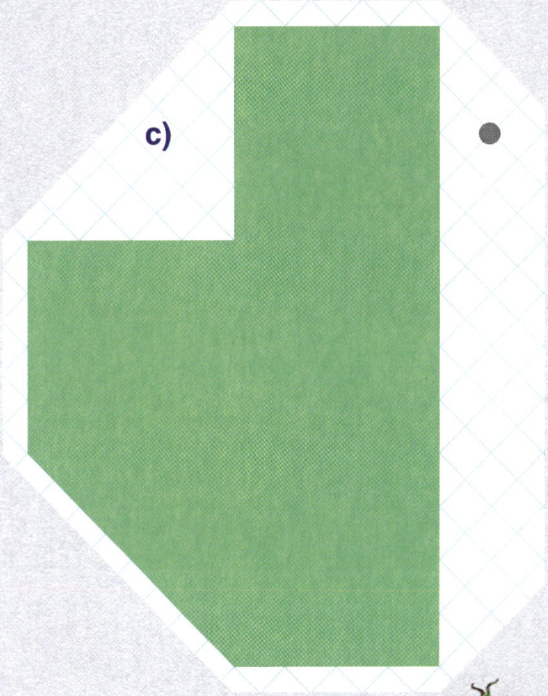

2 Wie viele Dreiecke sind in jeder Figur sichtbar?

3 Schreibe die Zahlen der sichtbaren Dreiecke auf.
Beginne am Punkt (●) und schreibe fortlaufend wie der Streifen liegt.

Figur a): 2 / 8 / 11 / 13 / 15 / 20 …

Beobachte den Wechsel von geraden zu ungeraden Zahlen.

4 Findest du diese Figuren? Probiere mit dem Faltstreifen.

1 / 3 / 8 / 11 / 13 / 15 / 20 / 23 / 25 / 27 / 32 / 35 / 37 / 39 / 41 / 43 / 45 / 47 / 52 / 54 / 56

Geometrische und arithmetische Erkenntnisse miteinander verbinden;
Figuren mit dem Faltstreifen auslegen und eine Notationsform
für die verschiedenen Lösungen mit sichtbaren Zahlen des Streifens finden

1 Wie viele Dreiecke sind in den Figuren enthalten?

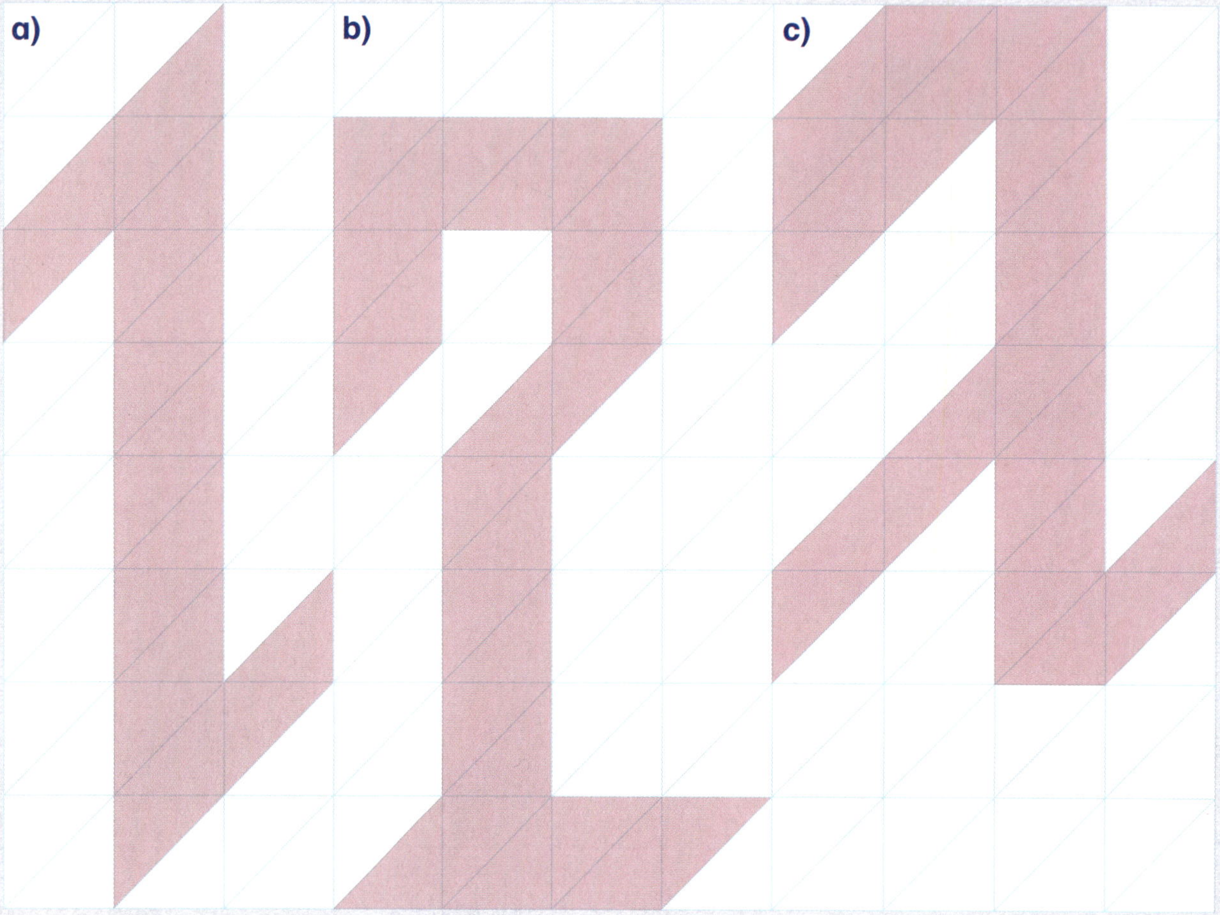

2 Übertrage diese Figuren in dein Heft. Wie viele Kästchen sind es jeweils?

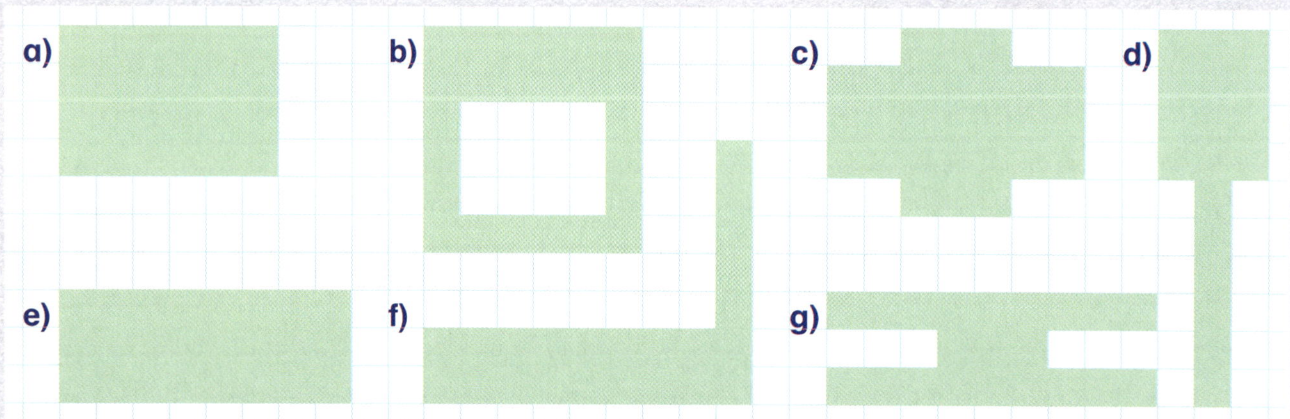

3 Zeichne Figuren mit 20 Kästchen. Erfinde möglichst viele verschiedene.

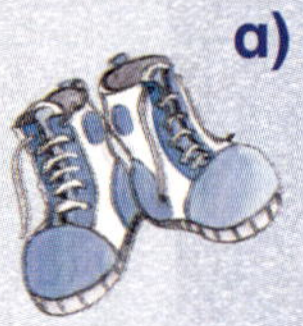

a) 7 · 20	**b)** 10 · 2	**c)** 60 · 6	**d)** 200 : 20	**e)** 600 : 30	**f)** ☐ · 30 = 270
6 · 30	20 · 4	70 · 7	300 : 30	800 : 40	☐ · 90 = 270
5 · 40	30 · 6	80 · 8	400 : 40	1000 : 50	☐ · 70 = 350
4 · 50	40 · 8	90 · 9	600 : 50	500 : 50	☐ · 50 = 350

❶ ❷ Den Flächeninhalt von Figuren mit Hilfe von Dreiecken bzw. von Kästchen auszählen;
❸ Zu einem vorgegebenen Flächeninhalt verschiedene Figuren erfinden

1 Übertrage das Muster auf Karopapier. Schneide die 6 Teile aus.

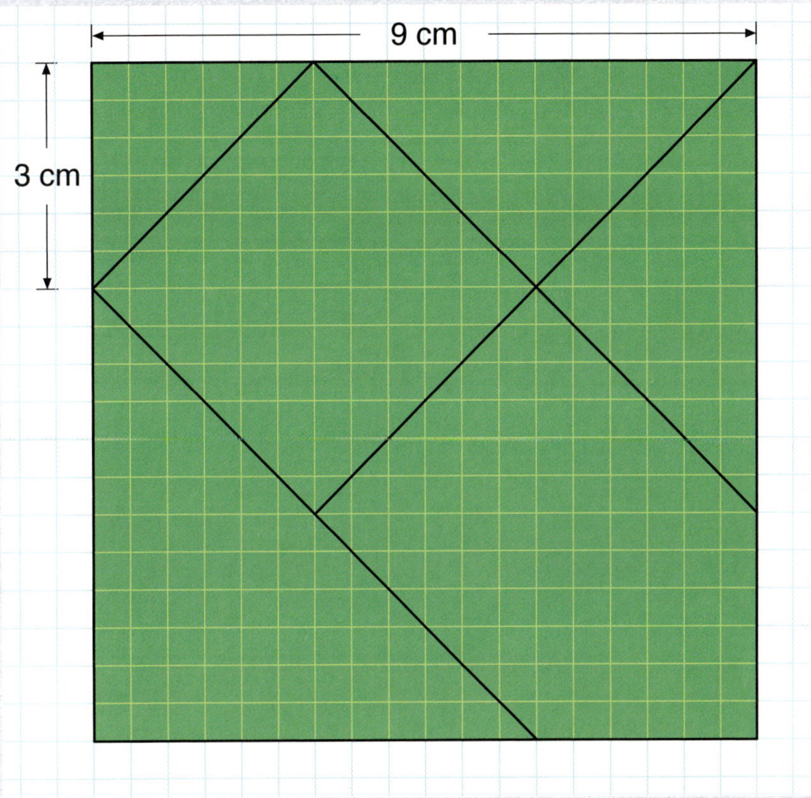

2 Lege mit den 6 Teilen das Schiff aus.

3 Erfinde eigene Figuren.

4 Kannst du auch diese Figuren nachlegen?

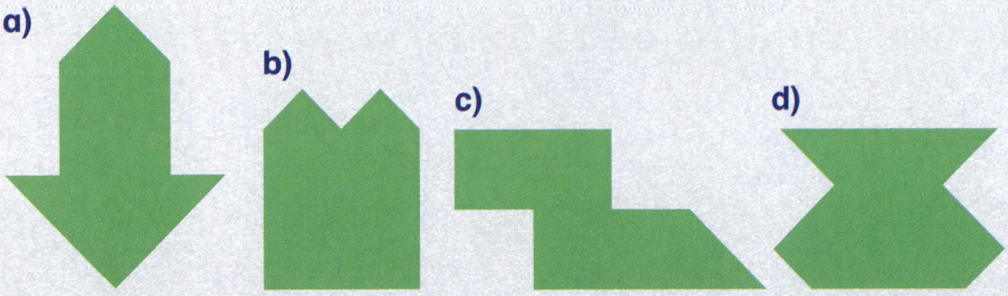

❶ Genaues Messen, Zeichnen und Schneiden üben, dabei die Maße der einzelnen Teile der Zeichnung entnehmen ❹ Für das Nachlegen der verkleinert dargestellten Figuren sind stets alle 6 Teile erforderlich

Halbschriftliches Addieren und Subtrahieren

Ninas Familie plant ihren Urlaub.

Ferienwohnung:

Verpflegung:

1 Mathe-Konferenz

581 + 362

Wie rechnest du?

2
452 + 275 (QS 16)
195 + 561 (QS 18)
384 + 225 (QS 15)
563 + 317 (QS 16)

3
539 + 264 (QS 11)
468 + 315 (QS 18)
365 + 457 (QS 12)
194 + 528 (QS 11)

Verschiedene Lösungswege bei der halbschriftlichen Addition untersuchen, geeignete auswählen und für das Finden von Lösungen flexibel benutzen

10 + 17 = 27

17 + 27 = 44

27 + 44 = 71

44 + 71 = 115

71 + 115 = 186

115 + 186 = 301

186 + 301 = (487)

Wie viele Stufen haben diese Treppen?

1 von 13 + 28 bis (468)

2 von 45 + 31 bis (787)

3 von 26 + 25 bis (533)

4 von 83 + 36 bis (703)

5 von 62 + 43 bis (654)

6 Beim Schulfest wurden 560 Euro eingenommen. Die Schulkonferenz beschloss, davon Spielgeräte für die Pausen anzuschaffen.
Klasse 3a machte diese Vorschläge: 2 Pedalos für 232 €, 2 Paar Stelzen für 56 €, 1 Pausenkiste mit Ballspielen für 275 €.
Klasse 3b: 1 Spielkiste für 275 €, 4 Paar Halbkugel-Stelzen für 68 €, 10 Wurfringe für 70 € und 1 Kegelspiel für 99 €.

Rechne geschickt. Wie heißen die Lösungswörter?

613	762	741	786	825	862	874
D	N	I	S	K	A	E

7 (632 + 200 – 7) (344 + 400 – 3) (563 + 200 – 1) (300 + 315 – 2)

a) 632 + 193 **b)** 344 + 397 **c)** 563 + 199 **d)** 298 + 315

8 **a)** 495 + 267 **b)** 366 + 496 **c)** 599 + 187 **d)** 276 + 598

a) 5 · 7 + ☐ = 46
3 · 8 + ☐ = 29
9 · 7 + ☐ = 71
7 · 8 + ☐ = 68

b) 28 – ☐ = 28 : 7
49 – ☐ = 49 : 7
7 – ☐ = 7 : 7
56 – ☐ = 56 : 7

5 6 8 11
12 24 42 48

❶ – ❺ Rechentreppen: Von einer Startaufgabe ausgehend wird für die Folgerechnung der 1. Summand weggelassen und die Summe der vorhergehenden Addition zum 2. Summanden der Folgerechnung addiert; so wird bis zu einer vorgegebenen Zielzahl gerechnet (Selbstkontrolle) ❻ Rechenvorteile durch benachbarte „leichte Rechnungen" ausnutzen

Das größte Gebäude der Welt steht in Kuala Lumpur in Malaysia. Es sind die 452 m hohen Petronas-Türme. Der größte Kirchturm der Welt steht in Ulm an der Donau. Er ist 161 m hoch.

452 – 161	=	□
400 – 100	=	300
52 – 61	=	9
300 – 9	=	291

1 

452 – 161

452 – 161	=	□
452 – 100	=	352
352 – 60	=	292
292 – 1	=	291
452 – 161	=	291

452 – 161	=	□
161 + 9	=	170
170 + 30	=	200
200 + 152	=	352
9 + 30 + 252	=	291

452 – 161	=	□
161 + 39	=	200
452 + 39	=	491
300 – 200	=	291

Und wie rechnest du?

2 **a)** 769 – 543 (QS 10)
383 – 176 (QS 9)
651 – 239 (QS 7)
875 – 492 (QS 14)

b) 846 – 669 (QS 14)
317 – 182 (QS 9)
796 – 387 (QS 13)
658 – 249 (QS 13)

3 Hohe Bauwerke. Vergleiche die Höhen.

Cheops-Pyramide (Ägypten)	137 m
Eiffelturm (Paris, Frankreich)	320 m
Fernsehturm Köln (Deutschland)	217 m

Verschiedene Lösungswege bei der halbschriftlichen Subtraktion kennenlernen, geeignete auswählen und für das Finden von Lösungen flexibel benutzen

478 − 297 = 181

297 − 181 = 116

181 − 116 = 65

116 − 65 = (51)

Notiere diese Rechentreppen.

1 von 875 − 541 bis (33)

2 von 578 − 357 bis (17)

3 von 621 − 385 bis (25)

4 von 376 − 229 bis (48)

5 von 693 − 427 bis (56)

6 von 519 − 321 bis (27)

Rechne geschickt. Wie heißen die Lösungswörter?

138	158	277	425	426	436	439	558
Z	E	S	O	H	A	L	R

7 534 − 400 + 4 | 631 − 200 + 5 | 723 − 300 + 3 | 938 − 500 + 1

a) 534 − 396 **b)** 631 − 195 **c)** 723 − 297 **d)** 938 − 499

8 **a)** 856 − 298 **b)** 601 − 176 **c)** 572 − 295 **d)** 304 − 146

9 Berge in Deutschland. Vergleiche ihre Höhen. Runde vorher.

Der Brocken im Harz ist rund 1100 m hoch.

Thüringer Wald	Großer Beerberg	982 m
	Großer Inselberg	916 m
Harz	Brocken	1142 m
Rhön	Wasserkuppe	950 m
Rothaargebirge	Kahler Asten	841 m
Schwarzwald	Hornisgrinde	1164 m
	Feldberg	1493 m
Schwäbische Alb	Lemberg	1015 m

❶–❻ Rechentreppen mit Subtraktionen analog der Rechentreppen auf Seite 75 durchführen (Selbstkontrolle)
❼ und ❽ Rechenvorteile durch leichte benachbarte Aufgaben ausnutzen

Oft kann von einer Ziffernsumme noch einmal eine Ziffernsumme gebildet werden.

1 Bilde die letzte Quersumme (LQS) von diesen Zahlen.

a)	b)	c)	d)	e)
361	555	385	567	608
737	462	252	777	29
252	77	187	251	488
456	328	654	85	902
193	416	377	406	63

a) 6 · 6 + ☐ = 60
3 · 6 + ☐ = 30
9 · 6 + ☐ = 90
2 · 6 + ☐ = 20
7 · 6 + ☐ = 70
4 · 6 + ☐ = 40

b) 8 · 9 + ☐ = 80
6 · 9 + ☐ = 60
9 · 9 + ☐ = 90
4 · 9 + ☐ = 40
5 · 9 + ☐ = 50
7 · 9 + ☐ = 70

4 5 6 7 8
8 9 12 16
24 28 36

2 Löse diese Aufgaben und vergleiche die Lösungen mit den LQS der Zahlen, die geteilt werden.

a)	b)	c)	d)
75 : 9	84 : 9	125 : 9	114 : 9
47 : 9	26 : 9	186 : 9	141 : 9
64 : 9	95 : 9	100 : 9	24 : 9
32 : 9	66 : 9	155 : 9	132 : 9
58 : 9	19 : 9	160 : 9	150 : 9

3 Ziehe von diesen Zahlen ihre Spiegelzahlen ab und beobachte die LQS des Ergebnisses.

73	–	37	=	☐
Zahl		Spiegelzahl		LQS?

a)	b)	c)
87	64	321
52	91	654
75	86	261
93	72	473

❶ Durch fortwährendes Bilden der Quersumme entsteht die stets einstellige „letzte Quersumme" einer Zahl; ❷ Der Zusammenhang zwischen dem Rest bei der Division durch 9 und der LQS des Dividenden soll entdeckt und zur Kontrolle genutzt werden

1 Lege mit Rechengeld.

a) 

b) 

c) 

d) 

e) 

2 Wie viel Geld hat jedes Kind?

Michael

Sina

Sven

Lisa

3 Lars hat 9 € 25 Cent gespart. Mia hat 7,35 € gespart. Sylvia hat 684 Cent gespart.

a) Welche Scheine und Münzen könnten die Kinder haben?

b) Jedes Kind hat seinen Geldbetrag unterschiedlich aufgeschrieben. Erkläre.

Gespräch über Flohmarkt in der Schule;
Preise mit Rechengeld auf verschiedene Weise legen;
Erklären der unterschiedlichen Schreibweise für Geldbeträge

1 Lege mit Rechengeld und schreibe auf.

3 € 15 Cent = 315 Cent = 3,15 €

2	4	6
1	2	5
3	9	5
	8	2
		7

7	0	4
6	7	1
4	5	9
	3	8
		3

2 Du hast 5 € (10 €, 20 €). Kaufe dir vier Gegenstände auf dem Flohmarkt. Überschlage die Kosten. Reicht dein Geld?

Gegenstand	gerundeter Preis	Preis

3 Wie viel Wechselgeld bekommst du von 20 € (50 €, 100 €) zurück?

20 € – 6,70 € = ☐ € 6,70 € + ☐ € = 20 €

a) 6,70 € 2,18 €
b) 8,95 € 4,47 €
c) 13,04 € 16,60 €
d) 18,37 € 19,99 €
e) 20,05 € 15,08 €

4 Rechne im Kopf.

a) 3,40 € + 6,20 € QS 6
87,20 € + 2,80 € QS 9
111,10 € + 5,90 € QS 9

b) 130 Cent + 80 Cent QS 3
360 Cent + 420 Cent QS 6
650 Cent + 370 Cent QS 3

c) 9,40 € – 3,60 € QS 4
37,80 € – 5,50 € QS 8
252,70 € – 1,70 € QS 8

d) 690 Cent – 560 Cent QS 4
340 Cent – 180 Cent QS 7
870 Cent – 490 Cent QS 2

e) 35,40 € + 80 Cent QS 2
576,80 € + 20 Cent QS 1
899,30 € + 40 Cent QS 6

f) 88,80 € – 60 Cent QS 9
357,50 € – 80 Cent QS 3
740,70 € – 30 Cent QS 6

a) 636 →(+ 14) ☐ →(+ 15) ☐ →(+ 16) ☐ →(+ 17) ☐ →(+ 18) 716
b) 723 →(– 23) ☐ →(– 24) ☐ →(– 25) ☐ →(– 26) ☐ →(– 27) 598
c) 451 →(+ 34) ☐ →(+ 35) ☐ →(+ 36) ☐ →(+ ◯) ☐ →(+ ◯) 631
d) 547 →(– ◯) ☐ →(– ◯) ☐ →(– ◯) ☐ →(– 91) ☐ →(– 92) 97

Legen mit Rechengeld;
Überschlagen von Geldbeträgen;
Addieren und Subtrahieren von Geld

Schriftliches Addieren

Liam ist mit seinen Eltern am Mittelmeer. Gestern hat er 117 Muscheln und heute 225 Muscheln gefunden. Er möchte wissen, wie viele Muscheln er insgesamt hat. Dabei rechnet er so, wie er es bei seinem großen Bruder gesehen hat.
Erklärt die Schritte.

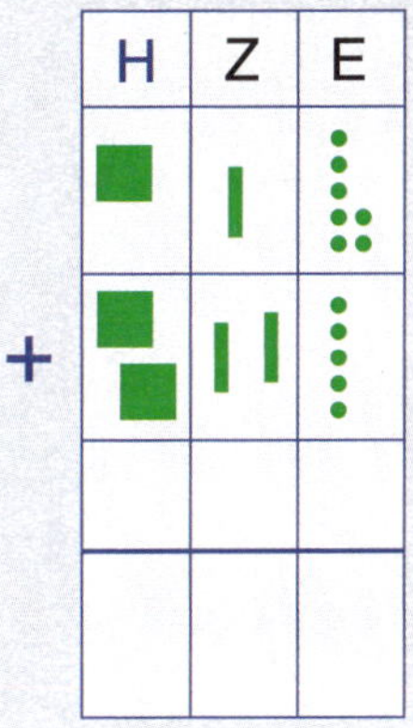

	H	Z	E
	1	1	7
+	2	2	5
		1	
			2

1. Die Einer addieren:
5 E + 7 E = 12 E
12 E = 1 Z + 2 E
Schreibe 2 E,
übertrage 1 Z.

	H	Z	E
	1	1	7
+	2	2	5
		1	
		4	2

2. Die Zehner addieren:
1 Z + 2 Z + 1 Z = 4 Z
Schreibe 4 Z.

	H	Z	E
	1	1	7
+	2	2	5
		1	
	3	4	2

3. Die Hunderter addieren:
2 H + 1 H = 3 H
Schreibe 3 H.

Liam hat 342 Muscheln gefunden.

1 Zeichnet diese Aufgaben. Eine Stellenwerttafel kann dir helfen.

a) 237 + 345 LQS 6
591 + 268 LQS 4

b) 184 + 763 LQS 2
621 + 389 LQS 2

c) 406 + 398 LQS 3
251 + 674 LQS 7

d) 315 + 453 LQS 3
222 + 444 LQS 9

e) 523 + 368 LQS 9
157 + 729 LQS 4

f) 468 + 124 LQS 7
136 + 223 LQS 8

g) 472 + 354 LQS 7
269 + 563 LQS 4

h) 425 + 573 LQS 8
649 + 351 LQS 1

i) 506 + 211 LQS 6
282 + 205 LQS 1

Das Verfahren der schriftlichen Addition kennenlernen; stellengerecht schreiben

1

a)

	H	Z	E
	2	4	3
+	3	5	6

b)

	H	Z	E
	1	7	1
+	7	2	4

c)

	H	Z	E
	3	0	4
+	5	8	2

d)

	H	Z	E
	4	9	6
+	5	0	3

e)

	H	Z	E
	6	4	5
+	2	5	1

599 886 895 896 999

2

a)

	H	Z	E
	4	1	9
+	1	7	0

LQS 4

b)

	H	Z	E
	5	3	2
+	2	4	7

LQS 5

c)

	H	Z	E
	3	4	8
+	5	4	1

LQS 7

d)

	H	Z	E
	6	2	5
+	2	2	2

LQS 1

e)

	H	Z	E
	3	3	3
+	4	2	4

LQS 1

3

				a)	b)	c)
111	222	333	+	123	232	321

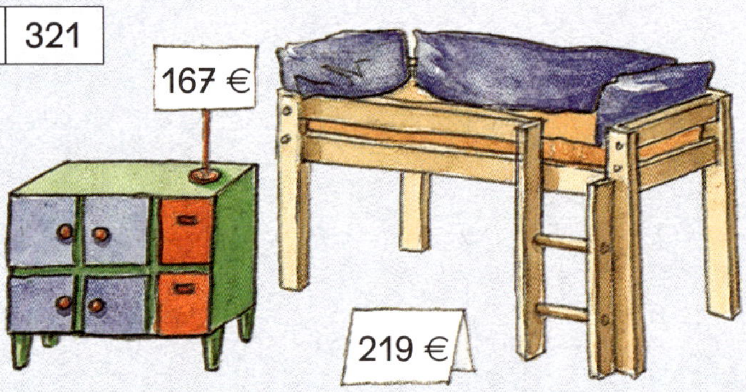

Susanne bekommt für ihr Zimmer ein neues Bett und eine Kommode.

Sie rechnet: 167 + 219 = ☐

Hunderter	Zehner	Einer

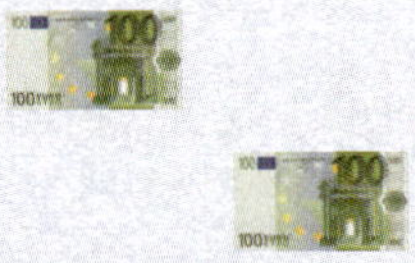		
3	8	6

Susanne beginnt bei den Einern:
9 E + 7 E = 16 E
Unten schreibt sie 6 E, wechselt 10 E in 1 Z und überträgt den Zehner.
Nun rechnet sie:
1 Z + 1 Z + 6 Z = 8 Z
und schreibt 8 Z.
Zum Schluss addiert sie die Hunderter:
2 H + 1 H = 3 H
und schreibt 3 H.

```
  167
+ 219
   1
-----
  386
```

4 Lege mit Rechengeld oder Material.

a)

	H	Z	E
	2	3	5
+	4	5	6

LQS 7

b)

	H	Z	E
	8	9	6
+		6	3

LQS 5

c)

	H	Z	E
	3	2	7
+	4	4	5

LQS 7

d)

	H	Z	E
	4	3	8
+	3	9	9

LQS 9

e)

	H	Z	E
	7	8	7
+	1	3	9

LQS 8

1 Trage in eine Stellenwerttafel ein und addiere.

	H	Z	E
	7	0	6
+	1	3	7
		1	
	8	4	3

a) 140 + 344
621 + 346
415 + 269
899 + 101

b) 35 + 704
853 + 80
73 + 244
914 + 71

c) 408 + 231
360 + 136
282 + 635
549 + 367

d) 376 + 485
687 + 117
426 + 458
199 + 674

317 484 496 639 684 739 804 861 873 884
916 917 933 967 985 1000

2 **a)** 412 + 299 **b)** 478 + 253 **c)** 918 + 59 **d)** 795 + 186 **e)** 79 + 806

711 731 885 977 981

3

						a)	b)	c)	d)	e)
593	272	135	432	674	+	119	479	624	78	268

4 Schreibe untereinander, dann rechne. Kontrolliere mit der Quersumme.

a) 118 + 798 LQS 7
457 + 457 LQS 5
672 + 193 LQS 1

b) 281 + 239 LQS 7
347 + 108 LQS 5
195 + 603 LQS 6

c) 773 + 227 LQS 1
541 + 396 LQS 1
252 + 443 LQS 2

d) 507 + 376 LQS 1
276 + 276 LQS 3
243 + 135 LQS 9

5 Dieser Computer kostet 699 €,
der Bildschirm 235 €.
Wie viel € kosten beide zusammen?

6 Herr Paul kauft sich für seinen Computer noch einen Drucker für 197 € und ein CD-ROM-Laufwerk für 48 €. Was muss er bezahlen?

7 Bei einem Schulfest nahm die Schule 937 € ein.

a) Dafür möchte sie zwei neue Computer kaufen. Reicht das Geld, wenn ein Computer 458 € kostet?

b) Der Förderverein spendet noch 2 000 €. Wie viele Computer können dann angeschafft werden?

1 Nimm die Ziffernkärtchen von 0 bis 9.

a) Lege damit zwei dreistellige Zahlen und addiere sie.
b) Wähle die Ziffern so, dass das Ergebnis möglichst groß wird.
c) Wähle die Ziffern so, dass das Ergebnis möglichst klein wird.
d) Lege so, dass du als Summe genau 999 erhältst.
e) Versuche die Summe 1000 zu erhalten.

2 **a)** Zwei Aufgaben fehlen.
Erkennst du die Regel?

	H	Z	E
	1	2	3
+	3	2	1

→

	H	Z	E
	2	3	4
+	4	3	2

→

	H	Z	E
+			

→

	H	Z	E
	4	5	6
+	6	5	4

→

	H	Z	E
	5	6	7
+	7	6	5

→

	H	Z	E
	6	7	8
+	8	7	6

→

	H	Z	E
+			

b) Was ist bei den letzten vier Aufgaben anders? Finde eine Begründung.

3 Stellt euch Aufgaben und löst diese mit der Stellenwerttafel.

4 Übertrage ins Heft und ergänze die fehlenden Ziffern in der Stellenwerttafel.

a)

	H	Z	E
	5	2	3
+	[redacted]	[redacted]	[redacted]
	6	5	7

b)

	H	Z	E
	[redacted]	[redacted]	[redacted]
+	6	3	4
	9	6	8

c)

	H	Z	E
	3	7	[redacted]
+	[redacted]	4	5
	6		8

d)

	H	Z	E
	4	0	7
+	[redacted]	3	[redacted]
	9	2	1

e)

	H	Z	E
	[redacted]	2	8
+	2	[redacted]	3
1	0	5	

a)

96	87
78	69

– 15 → □ : 9 → □ · 8 → □ + 48 →

112	96
104	120

b)

20	6
34	97

+ 43 → □ : 7 → □ · 6 → □ – 19 →

23	35
47	101

❶ Verändern des Wertes der Zahlen durch Ziffertausch
❷ Erkennen der Regel
❹ Ergänzen fehlender Ziffern

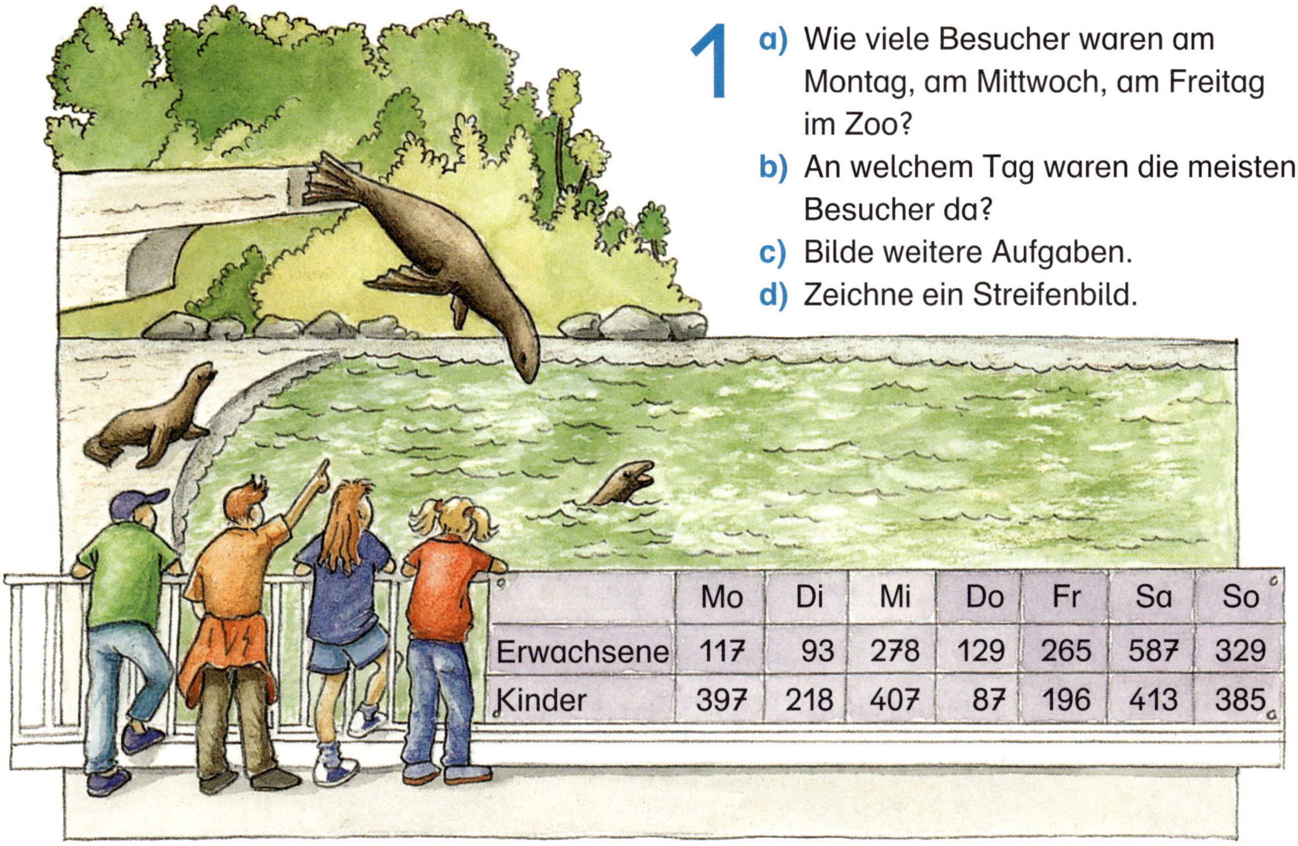

1

a) Wie viele Besucher waren am Montag, am Mittwoch, am Freitag im Zoo?

b) An welchem Tag waren die meisten Besucher da?

c) Bilde weitere Aufgaben.

d) Zeichne ein Streifenbild.

	Mo	Di	Mi	Do	Fr	Sa	So
Erwachsene	117	93	278	129	265	587	329
Kinder	397	218	407	87	196	413	385

2

Vergleiche die Ergebnisse. Was fällt dir auf?

	H	Z	E
	2	5	4
+	7	1	3

	H	Z	E
	3	7	6
+	5	2	9

	H	Z	E
	1	2	7
+	6	7	9

	H	Z	E
	4	4	4
+	1	4	6

	H	Z	E
	1	7	5
+	5	2	1

	H	Z	E
	2	5	5
+	5	5	1

	H	Z	E
	2	6	8
+	4	2	8

	H	Z	E
	4	9	2
+	4	7	5

	H	Z	E
	3	2	5
+	2	6	5

	H	Z	E
	7	8	0
+	1	2	5

3

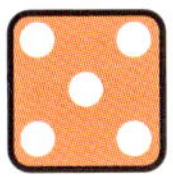

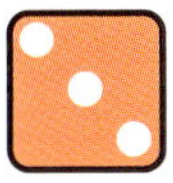

Würfelt abwechselnd mit 3 Würfeln.
Bildet dreistellige Zahlen.

Nicht mehr als 800 125 oder 251 oder 521

	H	Z	E
	1	3	5
+	2	9	5
+	3	1	4
	1	1	
	7	4	4

Hardy

	H	Z	E
	4	6	2
+	1	2	3
+	2	6	4
	1		
	8	4	9

Liam

Wenn ihr 3 Zahlen untereinander stehen habt, addiert sie. Gewonnen hat, wer am nächsten bei 800 ist. Mehr als 800 dürft ihr nicht erhalten.

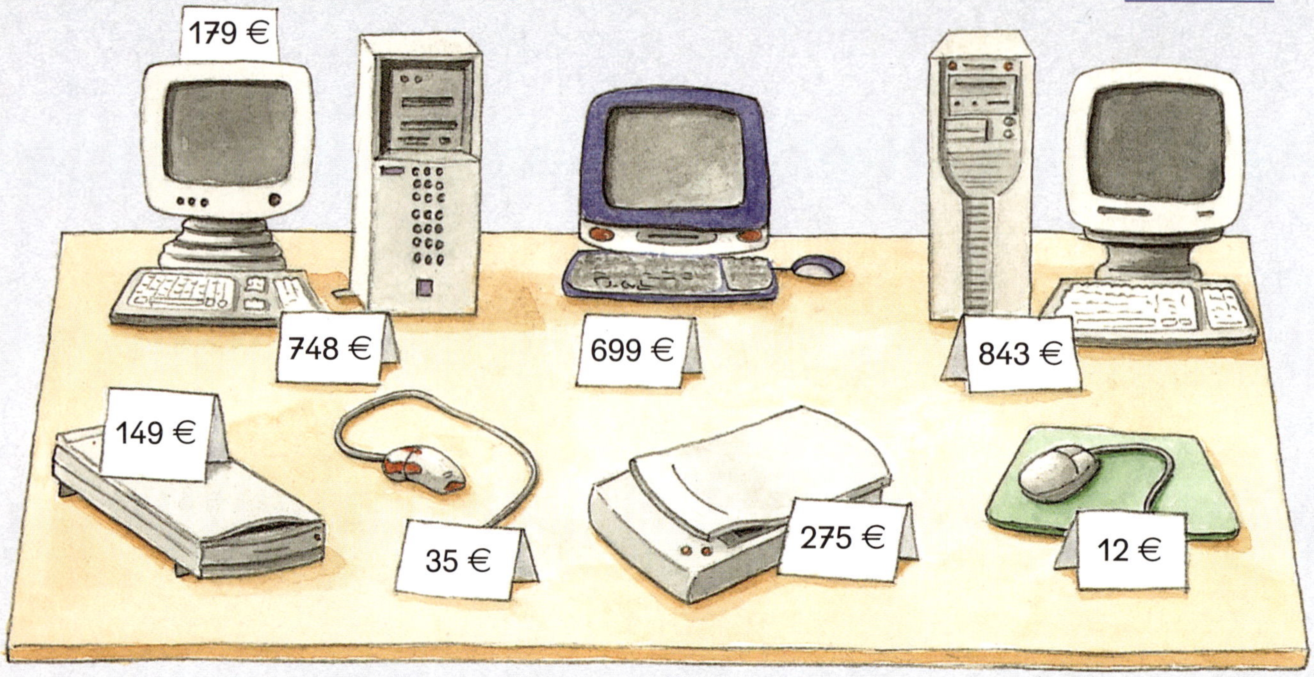

1 Liams Vater möchte sich eine Computerausrüstung kaufen. Dafür möchte er höchstens 950 € ausgeben. Liam sagt: „Papa, kaufe dir den Computer zu 748 € und den Monitor zu 179 €." Sein Vater antwortet: „Dafür reicht mein Geld aber nicht." Nun rechnet Liam, um festzustellen, ob das stimmt.

```
  748
+ 179
-----
  927
```

Ü: 700 + 200 = 900
Wie wurde gerundet?

Ü: 750 + 180 = 930
Wie wurde gerundet?

Überschläge (Ü) helfen dir beim Rechnen.
Dazu musst du die Zahlen runden.

Stelle eine Computerausrüstung zusammen. Rechne mit Überschlag.

2 Rechne mit Überschlag und überprüfe, ob die folgenden Aufgaben richtig sind.

a)	b)	c)
254 + 381 = 535	138 + 341 = 479	173 + 699 = 862
412 + 188 = 600	296 + 497 = 680	418 + 336 = 754
375 + 525 = 850	508 + 352 = 860	366 + 408 = 774
648 + 257 = 900	729 + 138 = 857	205 + 735 = 945

3 Rechne schriftlich. Bilde vorher den Überschlag.

a)	b)	c)	d)	e)
324	588	417	897	255
+ 573	+ 193	+ 689	+ 42	+ 327
LQS 6	LQS 7	LQS 8	LQS 3	LQS 6

Zusammenhang zwischen Überschlagen und Runden erkennen

1

An der Südschule sind 275 Mädchen, 239 Jungen und 25 Lehrerinnen und Lehrer.

	H	Z	E
	2	7	5
+	2	3	9
+		2	5
	1	1	
	5	3	9

$$
\begin{array}{r}
275 \\
+\ 239 \\
+\ \ 25 \\
\hline
539
\end{array}
$$

Wie viele Kinder und Lehrkräfte sind an eurer Schule?

2

a)	b)	c)	d)	e)	f)
206	584	629	265	481	394
+ 335	+ 196	+ 184	+ 155	+ 103	+ 29
+ 317	+ 42	+ 126	+ 245	+ 290	+ 452
414	324	341	129	375	618
+ 129	+ 517	+ 414	+ 275	+ 206	+ 99
+ 305	+ 87	+ 237	+ 560	+ 610	+ 172

665 822 848 858 874 875 889 928 939 964 992 1191

3 Addiere. Ordne die Ergebnisse nach der Größe. Welches Wort erhältst du?

U	S	H	E	C	L
65	170	295	212	46	264
+ 324	+ 543	+ 502	+ 348	+ 495	+ 333
+ 486	+ 287	+ 107	+ 74	+ 409	+ 118

4 Schreibe untereinander und addiere.

a) 42 + 537 + 148

b) 356 + 217 + 148

c) 201 + 98 + 645

d) 493 + 209 + 235

5 Einige Aufgaben sind falsch gelöst. Du findest sie, wenn du einen Überschlag machst.

146 + 213 + 475 = 800
325 + 151 + 266 = 700
743 + 74 + 86 = 903
296 + 305 + 214 = 811
150 + 294 + 173 = 617
418 + 412 + 169 = 1000

6 Alle Mädchen und Jungen veranstalten zusammen mit den Lehrern und Eltern ein Schulfest. Dort wurden 225 Flaschen Wasser, 137 Flaschen Limonade und 360 Flaschen Saft verkauft.

❸ Lösungswort finden
❹ stellengerecht schreiben
❺ Überschlag bilden

1 Gesundes Frühstück

a) Katrin kauft: 1 Milchpackung, 1 Ananas, 1 Müslipaket
b) Was würdest du auswählen für ein gesundes Frühstück?
c) Ernie hat 3 Lebensmittel gekauft und 4,57 € bezahlt.
d) Stelle ein Frühstück für deine Familie zusammen.
Notiere dann die Preise.

2

a)	b)	c)	d)	e)
26,14 €	72,05 €	3,88 €	16,08 €	68,79 €
+ 14,91 €	+ 28,05 €	+ 64,95 €	+ 7,55 €	+ 13,26 €

3

a)	b)	c)	d)	e)
12,35 €	15,08 €	0,99 €	23,00 €	17,99 €
+ 17,02 €	+ 36,37 €	+ 3,48 €	+ 16,78 €	+ 22,50 €
+ 28,46 €	+ 51,84 €	+ 19,21 €	+ 0,95 €	+ 28,99 €
16,17 €	12,55 €	88,74 €	26,53 €	12,49 €
+ 53,92 €	+ 0,46 €	+ 0,99 €	+ 38,28 €	+ 8,99 €
+ 21,35 €	+ 75,09 €	+ 10,55 €	+ 15,00 €	+ 16,07 €

Rechnen mit Kommazahlen bei Preisen;
Addieren von zwei und drei Summanden

1

Buchhandlung Rabe

Buch	5,97 €
Buch	14,12 €
Buch	21,34 €

Schreibwaren Müller

Stift	1,99 €
Stift	0,78 €
Stift	4,12 €

Papeterie Otto

Heft	0,51 €
Papier	1,19 €
Karten	2,08 €

Bürobedarf Effekt KG

	45,22 €
+	26,91 €
+	76,00 €

Rechne die Kassenzettel aus.

Spielwaren Hinz & K.

Spiel	33,38 €
Spiel	27,04 €
Spiel	15,01 €

2 Addiere schriftlich.

a) 3,58 € + 9,46 €
2,37 € + 3,21 €
5,10 € + 6,28 €

b) 7,05 € + 4,94 €
3,56 € + 11,08 €
0,32 € + 3,05 €

c) 0,52 € + 0,68 € + 3,78 €
2,54 € + 1,22 € + 1,04 €
7,30 € + 8,13 € + 4,79 €

d) 1,37 € + 2,56 € + 0,24 €
5,63 € + 4,02 € + 0,81 €
6,05 € + 1,48 € + 7,84 €

Kontrolliere selbst. Die drei Ergebnisse von a, b, c und d betragen zusammen jeweils 30 €.

a) 5 · 6 = [30]
72 : 8 = □
63 − 58 = □
[30] + 42 = □
8 + 55 = □

b) 63 : 7
28 : 4
45 − 17
7 · 9
9 · 5

c) 7 · 7
49 − 37
3 · 9
27 − 20
12 : 4

d) 81 − 27
18 + 18
9 · 2
36 + 45
54 : 6

3 Nino möchte für Nina Geschenke zum Geburtstag kaufen. Er möchte ihr einen Farbkasten für 4,49 €, einen Zeichenblock für 0,94 € und Wachsmalstifte für 4,38 € holen. Kommt er mit 10 € aus? Wie viel € kosten die Geschenke zusammen genau?

4 Eileen kauft 3 Hefte für jeweils 0,99 €.

5 Hussein kauft einen Füller für 7,50 €, einen Bleistift für 0,89 € und ein Heft für 1,99 €.
Reichen 20 € für seinen Einkauf?

1 **Nahe an Tausend**

Beschriftet 10 Kärtchen mit den Ziffern 0 bis 9.
Zuerst werden 2 Kärtchen für den Start gezogen. Jedes Kind bildet daraus eine Zahl und gibt sie in seinen Taschenrechner ein.
Das Spiel geht über 4 Runden. In jeder Runde werden 2 Kärtchen gezogen. Jedes Kind kann wählen, ob es diese als eine zweistellige oder zwei einstellige Zahlen verwendet.
Gerechnet werden darf mit + oder − oder ×.
Gewonnen hat, wer nach 4 Runden am nächsten an 1000 ist.

Beispiel:	1. Kind	2. Kind
Start 5 4	54	45
1. Runde 3 6	× 6 × 3 → 972	× 6 × 3 → 810
2. Runde 8 3	− 8 3 → 889	+ 8 3 → 893
3. Runde 1 5	+ 1 5 → 904	+ 5 1 → 944
4. Runde 2 7	+ 7 2 → 976	+ 2 7 → 971

2 Ein Kind denkt sich eine einstellige Zahl und tippt diese in den Taschenrechner.
Dann tippt es nacheinander ein:

+ das Doppelte der Zahl
+ das Dreifache + das Vierfache

Zum Schluss zeigt es das Ergebnis auf seinem Taschenrechner.
Wer kann die gedachte Zahl am schnellsten herausbekommen?

Der Taschenrechner soll die Spieler im rein arithmetischen Bereich entlasten, damit sich diese voll auf die Rechenstrategien konzentrieren können

Gitternetz

1 Gib von allen Figuren die Lage der Eckpunkte an. Beginne beim roten Punkt und arbeite im Uhrzeigersinn weiter.

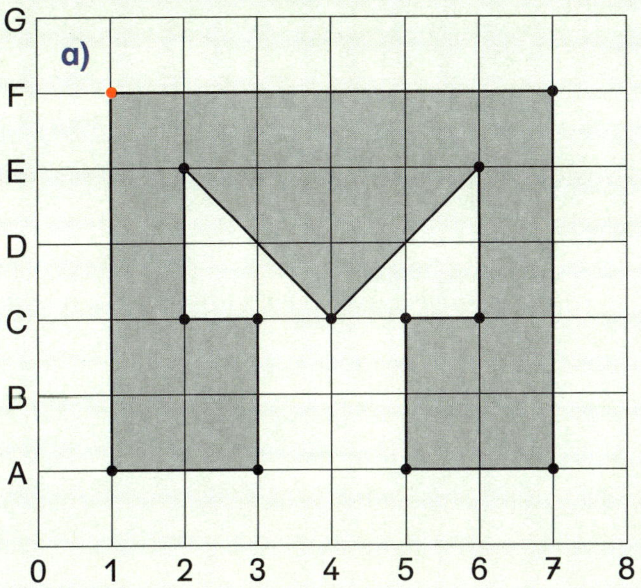

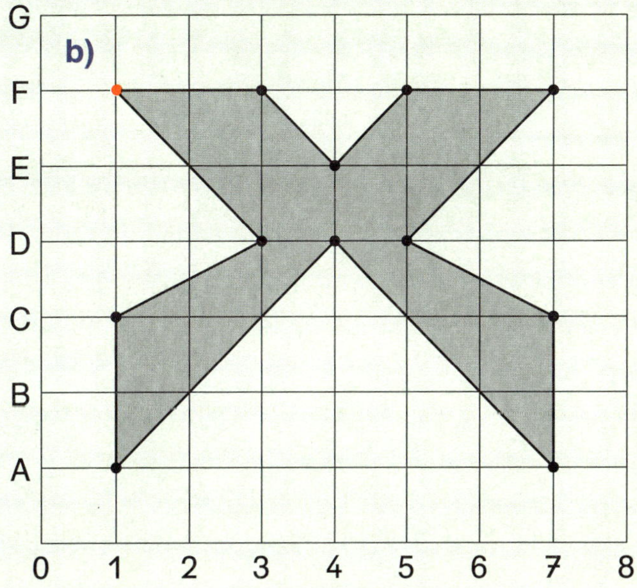

2 Zeichne dieses Gitternetz zweimal auf Karopapier. Markiere folgende Punkte und verbinde sie in dieser Reihenfolge mit geraden Linien:

a)	A 1	D 1	D 6	A 6	A 1
b)	B 2	E 2	E 5	B 5	B 2

Schneide die beiden Figuren aus.

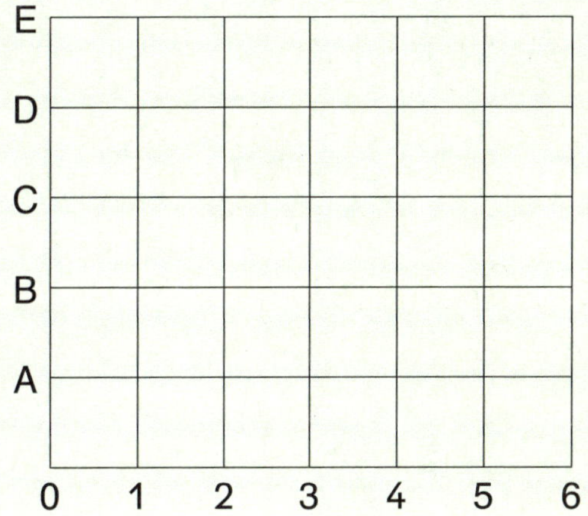

3 Lege die Figur aus **Aufgabe 2 a** so in das Gitternetz, dass sich alle 4 Ecken darin befinden und eine Ecke an Punkt *H* anliegt. Dann notiere die Lage der 4 Eckpunkte. Lege die Figur auch an die anderen **roten** Punkte. Es gibt stets mehrere Möglichkeiten.

4 Lege ebenso die Figur aus **Aufgabe 2 b** an die **grünen** Punkte und notiere die Lage der Eckpunkte. Meistens gibt es auch hier mehrere Möglichkeiten.

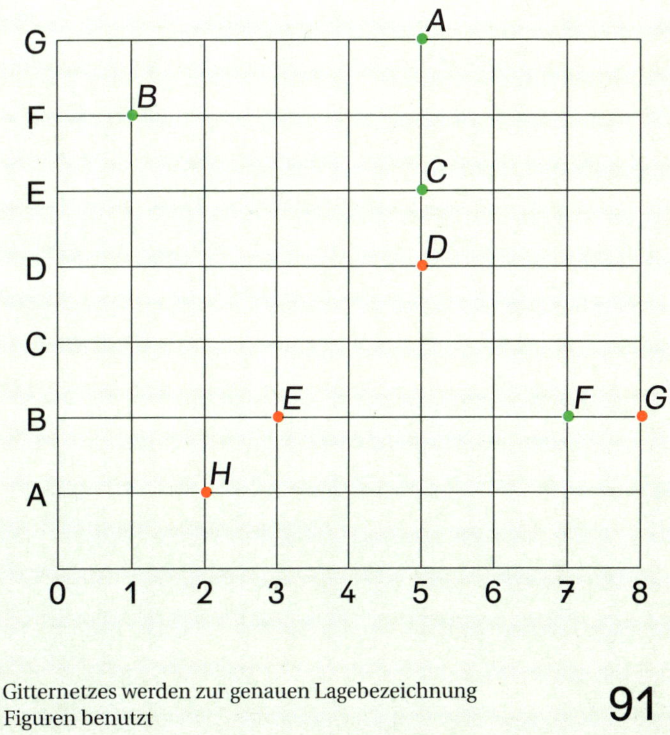

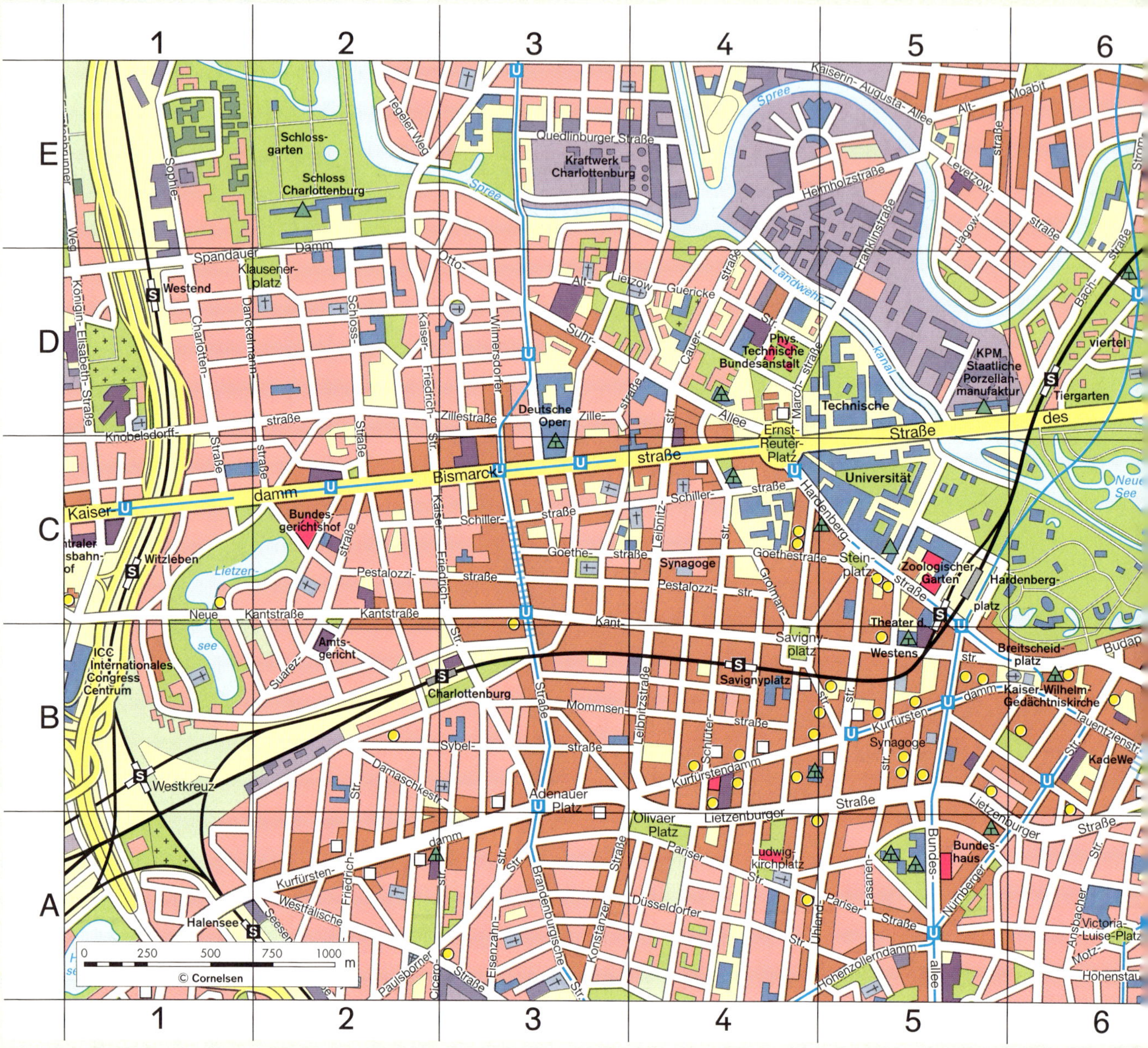

Um sich leichter zurechtzufinden, werden Stadt- und Ortspläne in **Planquadrate** eingeteilt.

1 Welche Quadrate grenzen an die Seiten des Planquadrates B 3? Diese Quadrate heißen **Nachbarquadrate**. Schreibe sie auf.

2 Wie heißen die Nachbarquadrate von

D 5	C 11	B 7	?

3 Welche Planquadrate haben genau 3 Nachbarn? Welche haben nur 2 Nachbarn?

4 Zu welchen Planquadraten gehören diese Stücke?

a) 

b) 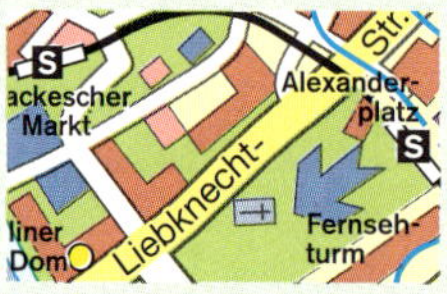

c) 

d) 

92

Auch die Planquadrate von Orts- und Stadtplänen werden mit zwei Koordinaten angegeben; dies erleichtert die Orientierung; zu beachten ist, dass hier aber nicht die Punkte, sondern die Flächen damit bezeichnet werden

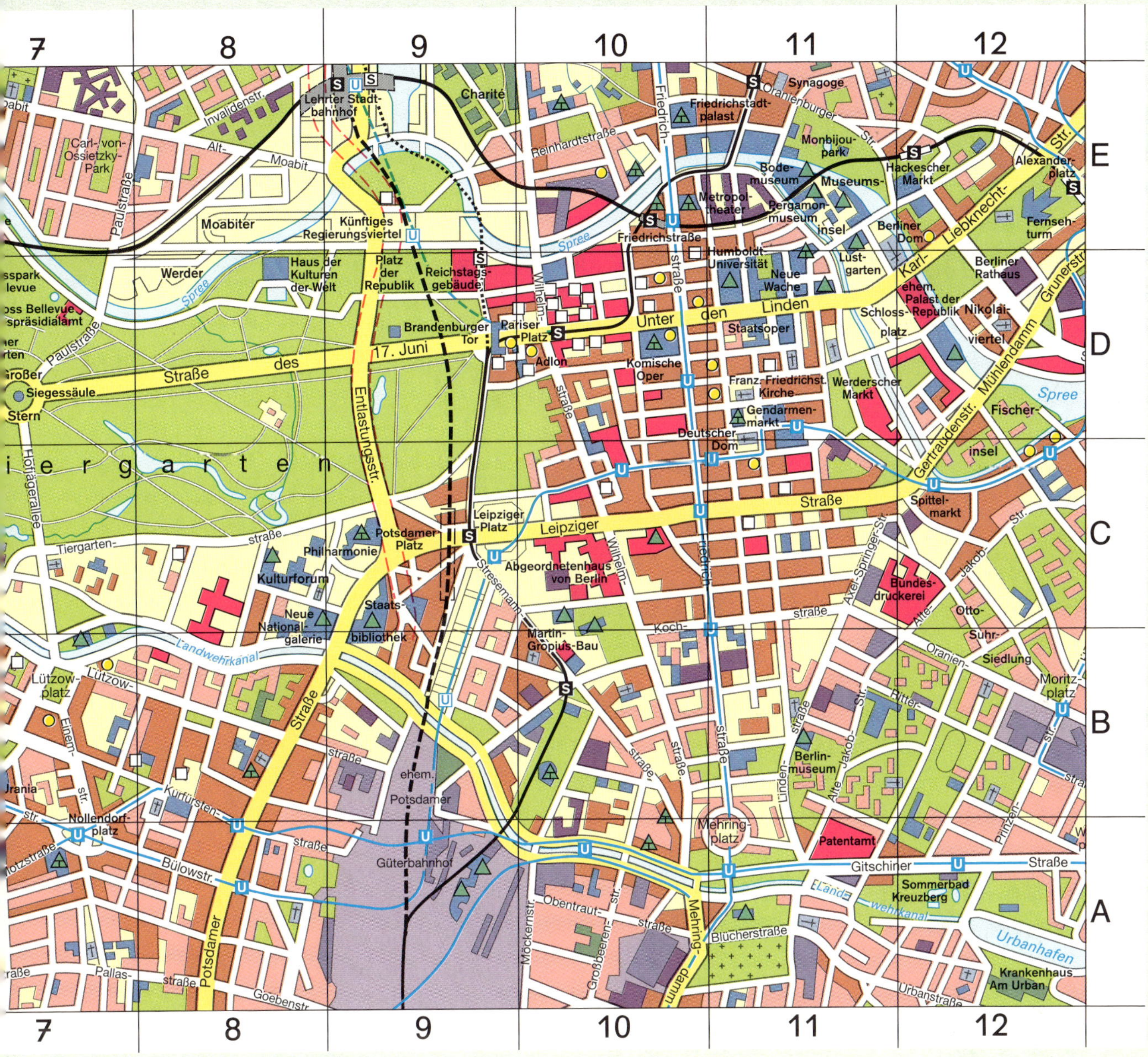

5 Berühmte Bauwerke aus Berlin wurden schon oft auf Briefmarken dargestellt. In welchen Planquadraten liegen diese Bauwerke?

a) 

b) 

c) 

d) 

e) 

f) 

g) 

h) 

6 Suche: Reichtagsgebäude, Berliner Dom, Schloss Charlottenburg, Deutsche Oper, Humboldt-Universität.

7 Besorge dir einen Stadtplan von deinem Wohnort. Was kannst du darauf alles finden?

Schriftliches Subtrahieren

175 €

Inline-Skater
Ausstattung: Power Strap, Aluminiumschiene, 77,5 mm / 70 A/80 A Rollen und ABEC 5-Lager

Nina ergänzt:
90 € + □ € = 175 €

Skate-Bag
Mini-Tasche (ca. 8 x 10 cm) zur Befestigung am Skate, schwarz

8 €

Inline-Skater

225 €

Ausstattung: Aluminiumschiene, Toe-Caps, 77,5 mm / 70 A / 80 A-Rollen und ABEC 5-Lager

Starship
Inline-Rucksack, schwarz

27 €

35 €

Junior
Inline-Helm, blau. Kopfumfang verstellbar (52 – 57 cm)

Fitness
Inline-Helm, schwarz. Kopfumfang verstellbar (54 – 60 cm)

40 €

Schutzset
Jeweils ein Paar Handgelenk-, Ellbogen- und Knieschützer

42 €

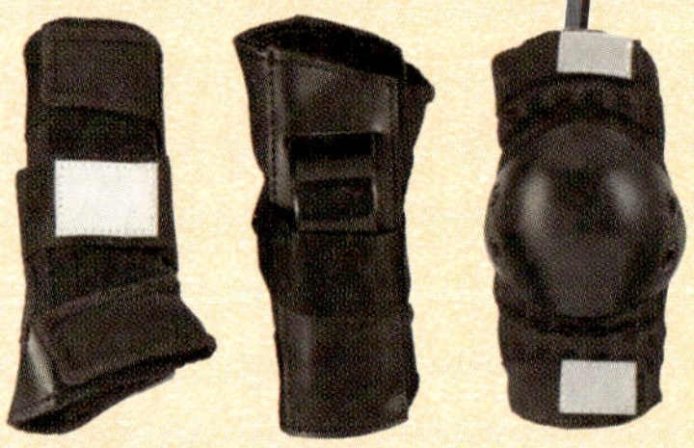

1 Bilde Aufgaben.

2

3 Erkan hat 179 € gespart.
Wie viel fehlt ihm noch an den Inline-Skatern für 225 €?

Vorbereiten der schriftlichen Subtraktion durch Ergänzen; Aufgaben bilden

1 Rechne durch Ergänzen. Was fällt dir auf?

a)		b)		c)	
	430 – 390		348 – 124		840 – 660
	530 – 490		358 – 134		842 – 662
	930 – 890		378 – 154		862 – 682

2 Eine Mutter ist 27 Jahre alt und ihr Kind 5 Jahre.

a) Wie alt sind Mutter und Kind in 5 (8, 10) Jahren? Was fällt dir auf?

b) Wenn das Kind 17 Jahre alt ist, wie alt ist dann die Mutter?

3 Kai möchte sich Inline-Skater für 257 € kaufen. Er hat bereits 125 € gespart. Wie viel Geld fehlt noch? Er legt die Aufgabe mit Rechengeld.

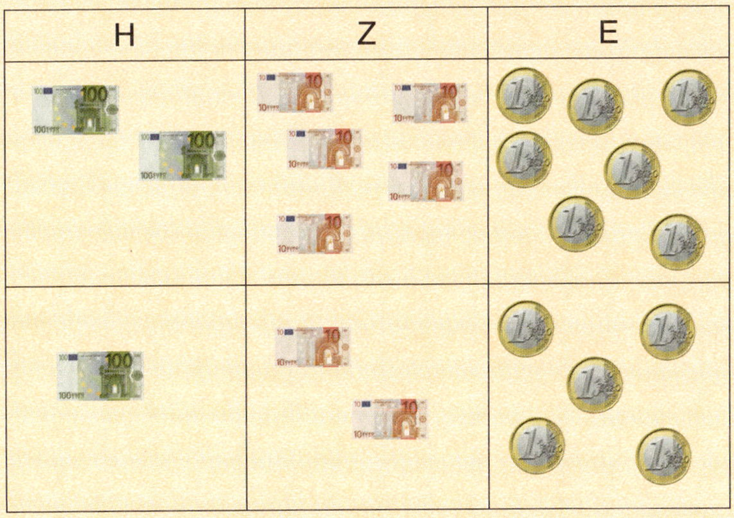

	H	Z	E
	2	5	7
–	1	2	5
	1	3	2
	1 + 1 = 2 Schreibe 1	2 + 3 = 5 Schreibe 3	5 + 2 = 7 Schreibe 2

Kai beginnt mit den Einern und ergänzt dann die Zehner und zum Schluss die Hunderter.

$$\begin{array}{r} 257 \\ -\ 125 \\ \hline 132 \end{array}$$

4

	H	Z	E
	5	3	7
–	2	1	4

	H	Z	E
	7	9	8
–	4	6	5

	H	Z	E
	9	9	9
–	8	2	9

	H	Z	E
	6	4	7
–	3	2	3

	H	Z	E
	4	7	3
–	2	7	1

	H	Z	E
	5	3	6
–	5	3	6

0 170 202 323 324 333

Ergänzen von Aufgaben;
Erklären der schriftlichen Subtraktionen
ohne Übertrag mit Rechengeld

1

	H	Z	E
	8	7	6
−	5	5	3

	H	Z	E
	4	4	1
−	1	2	1

	H	Z	E
	9	5	7
−	4	2	2

	H	Z	E
	6	4	5
−	2	1	3

	H	Z	E
	3	8	4
−	2	8	2

	H	Z	E
	5	6	3
−	3	4	3

2 Kais Freund Sebastian möchte sich die gleichen Inline-Skater für 257 € kaufen. Er hat schon 139 € gespart. Er legt und rechnet.

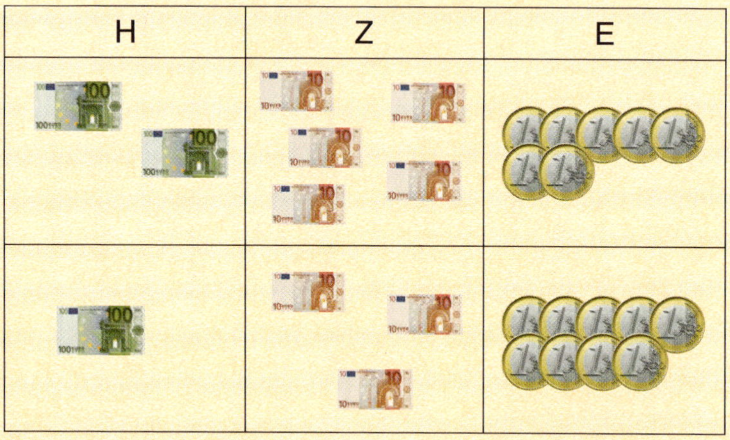

Auch Sebastian beginnt bei den Einern.

Die Aufgabe 9 + ☐ = 7 geht nicht.

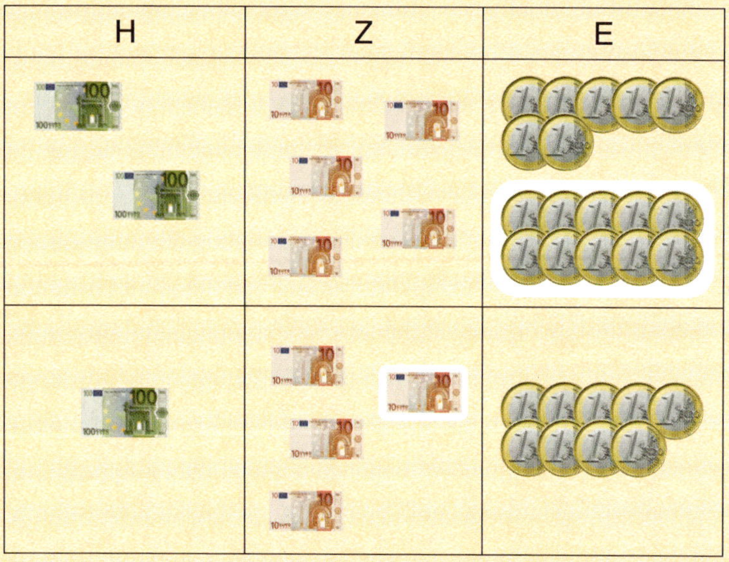

	H	Z	E
	2	5	7 + 10
−	1	3 + 1	9
	1	1	8
	1 + 1 = 2 Schreibe 1	1 + 3 = 4 4 + 1 = 5 Schreibe 1	9 + 8 = 17 Schreibe 8 Übertrage 1

Nachdem Sebastian bei 257 und bei 139 jeweils 10 dazu gelegt hat, geht die Aufgabe 9 + ☐ = 17.

257
− 139
1
118

3

	H	Z	E
	8	6	4
−	3	2	8

	H	Z	E
	7	5	7
−	4	3	9

	H	Z	E
	6	3	8
−	2	5	4

	H	Z	E
	5	4	7
−	1	8	5

	H	Z	E
	4	2	3
−	1	5	6

	H	Z	E
	9	7	1
−	5	9	4

267 318 362 377 384 536

1 Fatima hat schon 129 €. Sie möchte sich Inline-Skater für 275 € kaufen. Wie viel Euro benötigt sie noch?

2 Auch Ole möchte sich Inline-Skater für 275 € kaufen. Er hat schon 198 € gespart.

3 Svenja wünscht sich ein Paar Inline-Skater für 175 €. In ihrer Sparbüchse sind schon 86 €.

4

a)	b)	c)	d)	e)	f)
775	943	684	514	367	869
− 427	− 358	− 292	− 136	− 295	− 278

72 348 378 392 585 591

5

a)	b)	c)	d)	e)	f)
463	348	785	981	523	450
− 105	− 129	− 237	− 694	− 337	− 136

186 219 287 314 358 548

6 Bevor du die Aufgaben rechnest, mache einen Überschlag. Dann rechne schriftlich untereinander.

782 − 236
Ü: 800 − 200 = 600

a)	b)	c)
897 − 329	721 − 193	476 − 185
683 − 237	578 − 389	524 − 376
435 − 298	950 − 499	928 − 235

7 Mit einer Probe kannst du überprüfen, ob dein Ergebnis richtig ist. Zur Probe musst du die Umkehraufgabe rechnen.

	Probe:
762	438
− 438	+ 324
324	762

a)	b)	c)	d)
446	743	276	976
− 278	− 194	− 108	− 410
751	628	680	728
− 156	− 419	− 347	− 77
847	817	419	635
− 749	− 348	− 68	− 409

Schriftliches Subtrahieren mit und ohne Übertrag;
Überschlagsrechnungen;
Probe mit Hilfe der Umkehraufgabe anwenden lernen

1 Nimm die Ziffernkarten 3, 4, 5, 6, 7, 8 und bilde damit Subtraktionsaufgaben.

837	738	738	738
− 456	− 654	− 456	− 564

Bilde weitere Aufgaben durch Vertauschen der Ziffernkarten und rechne. Bilde auch den Überschlag und rechne die Probe.

2 Rechenketten
Subtrahiere dieselbe Zahl so oft wie möglich.

875 − 249	875	626	377
	− 249	− 249	− 249
	626	377	128

a) 965 − 172
894 − 126
782 − 235

b) 999 − 222
678 − 151
896 − 212

3 **a)**

−	236	335
812		
754		
335		
578		

b)

−	469	293
948		
651		
483		
822		

c)

−	418	398
705		
810		
424		
509		

4 Bilde Aufgaben und rechne. Schreibe auch den Überschlag und die Probe.

a)	1000	728	695	604	−	511	478	105	579
b)	864	572	733	520	−	248	389	472	509
c)	608	943	848	702	−	365	512	608	690

5 **a)**

1000			
472			
191			
80			

b)

969			
	583		
		356	
			175

c)

186	105	169	
138			

a) 156 + 147 = ☐
☐ + 147 = ☐
bis 891

b) 253 + 114 = ☐
☐ + 114 = ☐
bis 937

c) 318 + 87 = ☐
☐ + 87 = ☐
bis 927

d) 146 + 231 = ☐
☐ + 231 = ☐
bis 1070

In vielen Ländern lernen die Kinder anders schriftlich zu subtrahieren.
Fatimas Vater hat in der Türkei das schriftliche Subtrahieren so gelernt:

	H	Z	E
	6	8	4
–	3	5	6

4 E – 6 E geht nicht.

	H	Z	E
		7	10
	6	8	4
–	3	5	6
	3	2	8

Deshalb hole ich von den 8 Zehnern 1 Z zu den 4 E, dann habe ich 14 E, aber nur noch 7 Z.

Ich rechne 14 E – 6 E = 8 E
7 Z – 5 Z = 2 Z
6 H – 3 H = 3 H

1 Kannst du auch „türkisch rechnen"?

a) 432 – 219
591 – 238
652 – 337
782 – 526

b) 846 – 639
984 – 725
652 – 286
513 – 354

c) 738 – 457
895 – 276
945 – 767
522 – 349

d) 444 – 285
847 – 249
456 – 177
618 – 259

Und was passiert, wenn keine Zehner da sind? So hat Fatimas Vater gerechnet:

	H	Z	E
	6	0	4
–	3	2	8

	H	Z	E
	5	9	10
	6	0	4
–	3	2	8
	2	7	6

Kannst du es erklären?

2 **a)** 804 – 486
308 – 149
502 – 234
703 – 365

b) 705 – 356
606 – 219
401 – 144
303 – 199

c) 602 – 487
207 – 128
805 – 468
504 – 306

a) 24 : 4
42 : 6
21 : 3
81 : 9

b) 240 : 4
420 : 6
210 : 3
810 : 9

c) 240 : 40
420 : 60
210 : 30
810 : 90

d) 560 : 7
200 : 5
240 : 6
420 : 7

6 6 7 7 7 7 9 9 40
40 60 60 70 70 80 90

Die Entbündelungsmethode (auch sogenannte „Borgemethode"), die in vielen europäischen Ländern benutzt wird, wird fakultativ zur Ergänzungsmethode vorgestellt

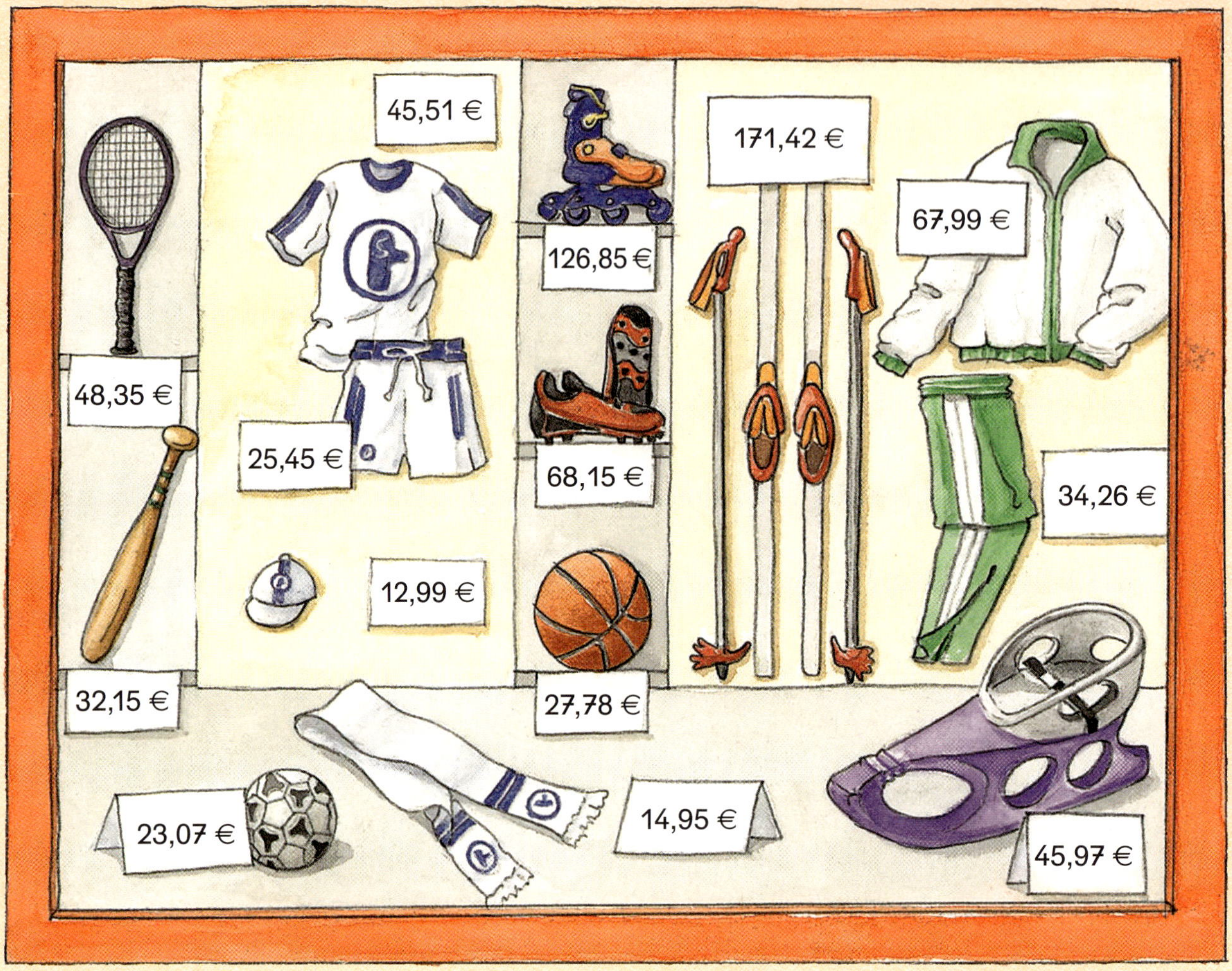

1 **a)** Die Eltern von Lena und Lars wollen Geschenke für die beiden kaufen. Sie möchten nicht mehr als 300 € ausgeben. Was könnten sie kaufen?

b) Sie kaufen für Lena Inline-Skater und ein Trikot.

c) Für Lars kaufen sie einen Fußball, Sportschuhe und einen Basketball.

d) Was würdest du dir kaufen, wenn du für 200 € einkaufen könntest?

2 Ali hat 100 € gespart. Er kauft sich im Sportgeschäft ein Trikot und eine lange Hose. Wie viel Euro erhält er zurück?

3 Wie viel Geld bekommen die Kinder zurück?

Gespräche über Sportartikel; Preisvergleiche; Sachrechnen

1 In der Buchhandlung

Nina hat 46,50 €. Yasmin hat 24,95 €.
Nico hat 35,20 €.

a) Nina kauft ein Märchenbuch.

b) Yasmin möchte ein Tierbuch.

c) Nico kauft ein Abenteuerbuch und ein Rätselbuch.

d) Bilde weitere Aufgaben.

2

a)	b)
57,38 € – 23,46 €	48 € 75 Cent – 26 € 83 Cent
91,25 € – 54,06 €	83 € 4 Cent – 14 € 50 Cent
72,55 € – 38,47 €	65 € 22 Cent – 86 Cent
136,44 € – 79,44 €	158 € 35 Cent – 64 € 65 Cent
548,03 € – 96,05 €	312 € 70 Cent – 83 € 59 Cent

3

Die Klasse 3 b möchte am Ende des Schuljahres ein Theaterstück aufführen. Es soll das Märchen „Schneewittchen" sein. Die Lehrerin kauft dafür verschiedene Stoffe ein. Von einem Stoff sind noch 22,40 m vorhanden. Von diesem Stoff nimmt sie 13,65 m.

  22,40 m
– 13,65 m

4 Für die Preise beim Schulfest hat die Schule 547,90 € zur Verfügung.
Sie gibt dafür 398,56 € aus.

5 Bei einer Tombola wurden 775,50 € eingenommen.
Für Gewinne wurden 546,95 € ausgegeben.

6

a)	b)	c)	d)
46,55 m – 27,92 m	91,06 m – 73,60 m	158,25 m – 95,75 m	88,94 m – 5,08 m
47,08 m – 35,27 m	363,88 m – 104,09 m	73,24 m – 34,15 m	28,63 m – 9,99 m

1

a)

428	+	534
273		346
391		457

b)

926	−	265
743		470
531		198

2 Immer 2 Aufgaben haben das selbe Ergebnis.

$$\begin{array}{r} 703 \\ +\ 243 \\ \hline \end{array} \qquad \begin{array}{r} 439 \\ +\ 507 \\ \hline \end{array}$$

$$\begin{array}{r} 271 \\ +\ 362 \\ \hline \end{array} \qquad \begin{array}{r} 859 \\ +\ 141 \\ \hline \end{array}$$

$$\begin{array}{r} 624 \\ +\ 376 \\ \hline \end{array} \qquad \begin{array}{r} 512 \\ +\ 121 \\ \hline \end{array}$$

3

a) 688 − 499
198 + 643
848 − 587
217 + 694
744 − 376

b) 458 + 207
532 − 345
348 + 269
761 − 591
177 + 625

4 Rechen-Domino

822 − 655
875 − 794
453 + 369
565 − 112
81 + 919
257 + 308
1000 − 575
167 + 708

5

329 → + 478 → ☐ → − 265 → ☐ → + 446 → ☐ → − 639 → ☐

↓ + 581

☐ ← + 370 ← ☐ ← − 185 ← ☐ ← + 199 ← ☐ ← − 362 ← ☐

↓ − 666 → ☐ → + 356 → ☐ → − 458 → ☐ → + 816 → 1000

Lernplateau: schriftliches Addieren und Subtrahieren; das vorhandene Wissen überprüfen

103 103

Gewichte

Wer hat bei uns die schwerste Tasche? Überlegt, wie ihr das Problem löst.
Wir können das Gewicht der Schultaschen nur schätzen. Deshalb benötigen wir eine Waage.

1 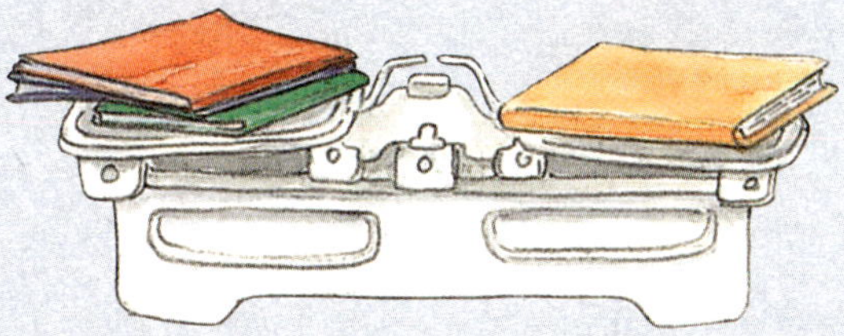

Das Lesebuch ist so schwer wie ___ Hefte. Das Lesebuch ist so schwer wie ___ Steckwürfel. Das Mathematikbuch ist so schwer wie ___ Hefte. Die Federmappe ist so schwer wie ___ Steckwürfel. Meine Schultasche ist so schwer wie ___ Hefte und ___ Steckwürfel.

2 

Stell dir vor, ein Kind geht einkaufen.
Es kommt an den Wurststand und sagt:
„Ich hätte gern so viel Schinken, wie vier Schulhefte schwer sind."
Was wird wohl die Verkäuferin antworten? Erkläre.

104 104

Küchenwaage

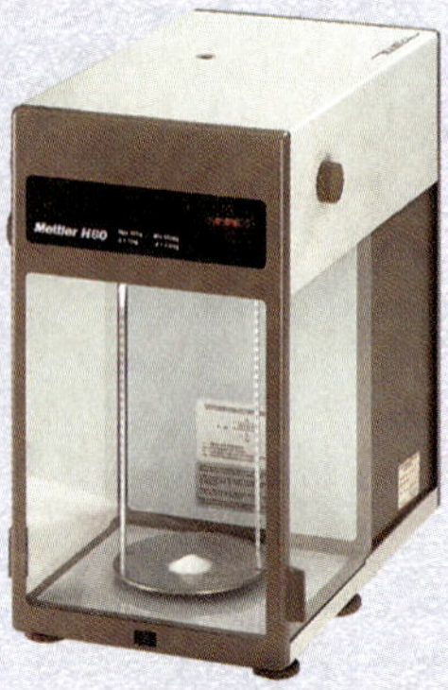
Apothekerwaage

Personenwaage

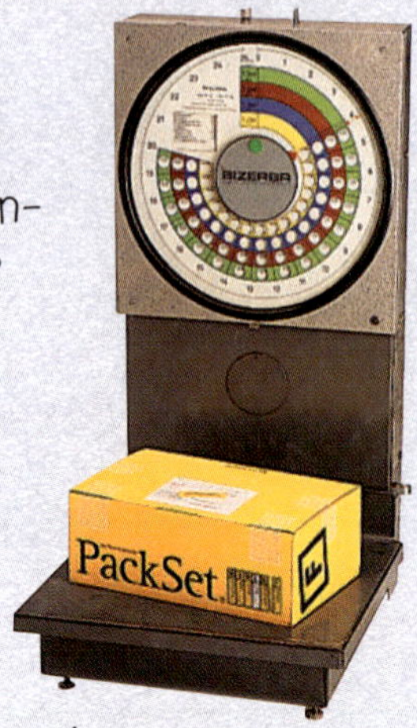

Postwaage

Briefwaage

Kaufmannswaage

1 Früher gab es für Waagen verschiedene Gewichte.
So sieht ein Gewichtssatz aus:

a) Schreibe auf, welche Gewichte der Gewichtssatz enthält.

b) Wie viel Gramm ergeben alle Gewichte zusammen?

500 g 200 g 200 g 100 g

Gewichtssatz

2 Wie schwer sind die Lebensmittel?

a)

500 g + 50 g

500 g + 20 g + 20 g

500 g + 500 g

b)

768 g

485 g

869 g

c)

1 000 g

2 500 g

250 g

3 Ordne die Gewichte der Lebensmittel aus Aufgabe **2**.

1

a) Schätze zuerst. Wiege dann die Gegenstände mit einer Waage.

b) Ordne die Gegenstände nach ihrem Gewicht.

2 Ordne die Gewichte zu.

30 g 750 g 80 g 1000 g 125 g 330 g

1 kg = 1000 g
1 Kilogramm = 1000 Gramm

3 Beim Einkaufen

a) Paul kauft mit seinem Vater im Supermarkt ein. Wie schwer müssen sie tragen?

b) Wie schwer sind die Einkäufe?

Schätzen; Wiegen;
Ordnen von Gewichten;
Rechnen mit Gewichten

Apfelbaum im Frühjahr

Apfelbaum im Sommer

Apfelbaum im Herbst

Apfelbaum im Winter

1 In welcher Jahreszeit werden die Äpfel geerntet?
In welchem Monat wird das Erntedankfest gefeiert?

Boskop

Granny Smith

Red Delicious

Golden Delicious

2 Wie unterscheiden sich die Äpfel (Farbe, Aussehen, Größe, Gewicht, Geruch, Geschmack, …)?

3 Schneidet einen Apfel durch. Beschreibt, was ihr seht. Malt die Apfelhälfte ab und beschriftet sie. Wiegt eure aufgeschnittenen Apfelhälften. Wiegt sie nach 3 Tagen noch einmal. Was fällt euch auf? Erklärt euer Ergebnis.

4 Fädelt die Kerne zu einer Kette auf Wiegt diese ab. 3 Tage später wiegt die Kette noch einmal. Was fällt euch auf? Erklärt euer Ergebnis.

5 Schneidet aus noch übrigen ganzen Äpfeln Ringe aus und fädelt sie auf. Arbeitet dann wie in **4**.

Apfelmännchen

Ihr benötigt:

Rosinen

rotes Tonpapier

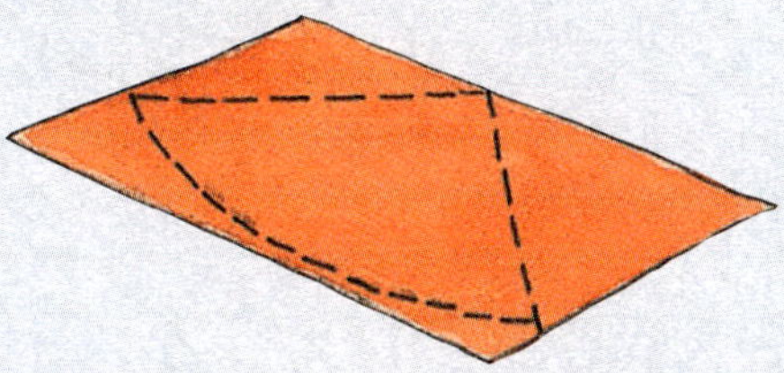

Watte

Zuerst viertelt die Äpfel und entfernt die Gehäuse. Nun schneidet die Schalen ab und legt die fertigen Äpfel auf die Waage. Ihr benötigt 1500 g.

Rezept 1

Für die Marmelade müsst ihr die Äpfel mit dem Mixer zerquirlen. Dann gebt ihr die Masse ins Sieb. Jetzt gebt ihr noch 1500 g Gelierzucker dazu und lasst alles aufkochen. Füllt nun die Marmelade in die Schraubgläser und verschließt sie.

Rezept 2

Für das Apfelgelee müsst ihr die Äpfel entsaften. Den Saft gebt ihr in einen Topf zusammen mit 1 kg 500 g Gelierzucker. Jetzt muss der Inhalt des Topfes 3 kg wiegen. Nun lasst ihr den Saft aufkochen und füllt das Gelee in Schraubgläser.

Rezept 3

Für das Apfelkompott müsst ihr die Äpfel in den Topf legen und mit Wasser und 200 g Zucker zum Kochen bringen. Lasst es noch abkühlen, dann könnt ihr das Apfelkompott essen.

1 Wir backen Apfeltaler.

Für den Teig benötigt ihr:
250 g Mehl, 1 Ei, 125 g Margarine, 65 g Zucker, Salz,
1 Päckchen Vanillezucker oder $\frac{1}{2}$ Teelöffel abgeriebene Zitronenschale, Apfelringe, Marmelade.

Und so macht ihr es:
- den Teig zu runden Plätzchen ausstechen
- die Hälfte mit einem Apfelring belegen
- in die Mitte Marmeladentupfer setzen, mit den übrigen Teigplatten abdecken und festdrücken
- mit Eiermilch bestreichen und bei Mittelhitze goldbraun backen
- mit Puderzucker besieben oder mit Zuckerglasur überziehen

2 Wie viele Packungen von jeder Sorte wiegen genau 1 kg?

250 g 500 g 200 g 100 g 125 g 20 g

1 kg $\frac{1}{2}$ kg $\frac{1}{4}$ kg $\frac{3}{4}$ kg

1 kg = 1000 g	$\frac{1}{4}$ kg = 250 g
$\frac{1}{2}$ kg = 500 g	$\frac{3}{4}$ kg = 750 g

3 <, > oder = ?

a)			b)			c)		
400 g	◯	$\frac{1}{4}$ kg	500 g	◯	$\frac{1}{2}$ kg	750 g	◯	$\frac{3}{4}$ kg
250 g	◯	$\frac{1}{4}$ kg	550 g	◯	1 kg	999 g	◯	1 kg
990 g	◯	1 kg	751 g	◯	$\frac{3}{4}$ kg	470 g	◯	$\frac{1}{2}$ kg
550 g	◯	$\frac{3}{4}$ kg	620 g	◯	$\frac{1}{2}$ kg	1020 g	◯	1 kg

❶ Ein Rezept lesen und nach Anleitung arbeiten; genau messen und wiegen
❷ ❸ Bruchteile von 1 kg

Einmaleins mit großen Zahlen

11	22	33	44	55	66	77	88	99	110
12	24	36	48	60	72	84	96	108	
13	26	39	52	65	78	91	104		
14	28	42	56	70	84	98			
15	30	45	60	75	90				
16	32	48	64	80					
17	34	51	68						
18	36	54							
19	38								
20									200

1 Schreibe die Einmaleinsreihen in dein Heft.

2 Übertrage ins Heft. Fülle die Einmaleinstabelle vollständig aus.

Tipp

Ninas Malaufgabenbuch

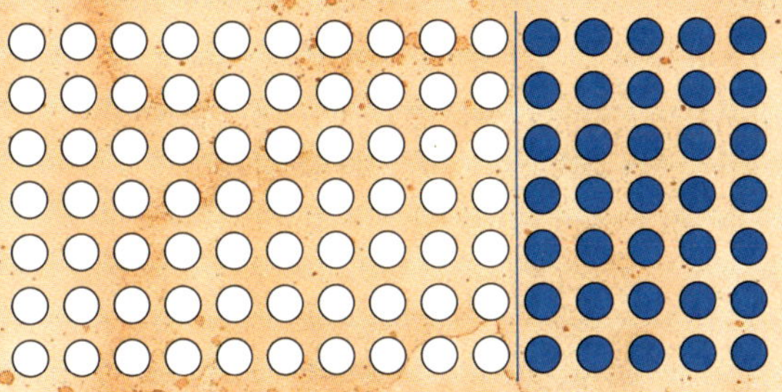

4 mal 16 rechne ich so: zuerst 4 mal 10, das sind 40 und dann 4 mal 6, das sind 24. Dann addiere ich 40 und 24 und erhalte 64.

6 mal 19 rechne ich 6 mal 20 minus 6.

$7 \cdot 15 = \square$

$7 \cdot 10 = 70$

$7 \cdot 5 = 35$

$70 + 35 = 105$

a) Das Doppelte von 14, 140, 36, 360

b) Die Hälfte von 64, 640, 98, 980

c) Das Dreifache von 13, 130, 29, 290

d) Das Fünffache von 19, 55, 150, 200

Anordnen von Ergebnissen in der Tabelle;
Suchen von Mustern, die auf Zusammenhänge deuten;
erste Erfahrungen zum halbschriftlichen Multiplizieren

1 a)

·	16	13	19
2			
4			
6			

b)

·	18	14	17
3			
5			
7			

c)

·	8	5	
		60	
15			
11			99

2 Die 22 Kinder der Klasse 3 b der Sonnenschule machen mit dem Bus einen Tagesausflug in den Zoo. Die Busfahrt kostet für jedes Kind 6 €. Für den Eintritt in den Zoo muss jedes Kind 4 € bezahlen. Der Besuch der Delfinshow kostet 3 €. Wie viel € müssen die Kinder zusammen bezahlen?

3 Plant einen eigenen Klassenausflug. Überlegt euch genau, was ihr machen wollt und berechnet die Kosten.

4 Pop: „Ich habe herausgefunden, dass es Einmaleinsreihen gibt, die nur gerade Ergebniszahlen haben.“ Nina: „Aber warum gibt es keine Einmaleinsreihe, die nur ungerade Ergebniszahlen hat?“

5 Wer findet die meisten Multiplikationsaufgaben zu 640?

6 Meine Zahl liegt zwischen 120 und 130. Sie gehört zur Siebenerreihe. Wie heißt meine Zahl?

In dieser Tabelle sind 2 falsche Ergebnisse. Suche sie.

–	294	176	148	63
923	629	747	775	860
507	213	331	349	444
658	364	486	510	595

7 Am Samstag haben 5 Spiele in der ersten Fußballbundesliga stattgefunden. 6 Mannschaften haben 13 Spieler eingesetzt, 2 Mannschaften haben 12 Spieler eingesetzt und die restlichen Mannschaften haben je 11 Spieler eingesetzt. Wie viele Fußballspieler haben an diesem Samstag in der 1. Liga gespielt?

Nina erklärt Pop die seltsamen Zahlenstreifen.

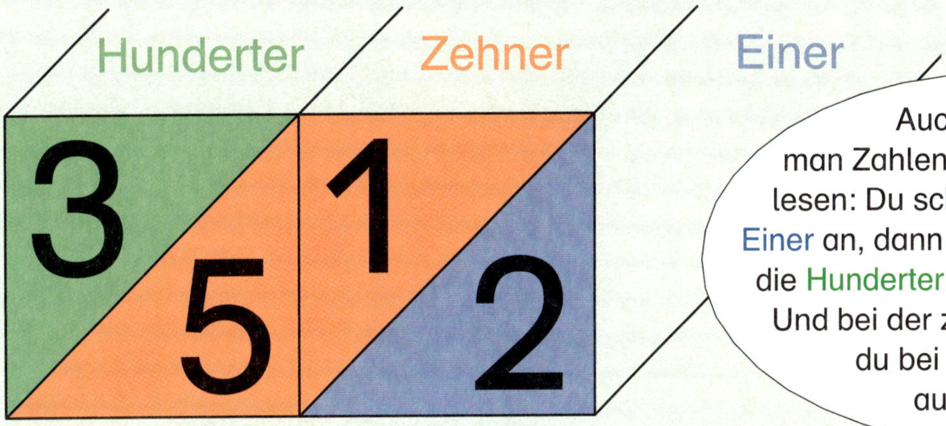

1 Wie heißen die folgenden Zahlen?

a)

b)

c)
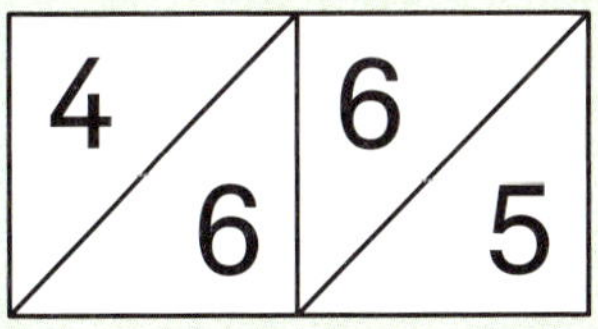

d)

e)

f)

Alternative Rechenverfahren vorstellen;
Nepersche Streifen;
Übungen zum Stellenwertsystem

3	
0/3	1 · 3
0/6	2 · 3
0/9	3 · 3
1/2	4 · 3
1/5	5 · 3
1/8	6 · 3
2/1	7 · 3
2/4	8 · 3
2/7	9 · 3

1	3
0/1	0/3
0/2	0/6
0/3	0/9
0/4	1/2
0/5	1/5
0/6	1/8
0/7	2/1
0/8	2/4
0/9	2/7

1 Warum müssen die Zahlen von rechts nach links gelesen werden? Beantwortet die Fragen in einer Mathekonferenz.

2 Lege auch die Vierzehnerreihe, die Fünfzehnerreihe, die … Lies die Ergebniss ab und überprüfe sie mit dem Taschenrechner.

3 Schreibe in leere Computerstreifen die Einer- und die Zweierreihe. Wenn du diese beiden Streifen zusammen legst, dann kannst du die Ergebnisse der Zwölferreihe ablesen.

4 Welche Computerstreifen brauchst du für die Elferreihe?

5 Welche Computerstreifen brauchst du für die Einundzwanzigerreihe?

6 Wie heißt die Zahl?

0/0	1/6	3/9	5/6

Nepersche Streifen als alternatives Rechenverfahren für die Multiplikation zweistelliger Zahlen kennenlernen; Verdeutlichen der Aufspaltung von Multiplikationsaufgaben in Teilaufgaben

113 113

Der schottische Edelmann John Neper (Napier) wurde 1550 geboren und starb 1617. Er war Mathematiker und erfand eine nach ihm genannte Rechenmaschine, einen ersten „Taschenrechner“.

7	9
0 / 7	0 / 9
1 / 4	1 / 8
2 / 1	2 / 7
2 / 8	3 / 6
3 / 5	4 / 5
4 / 2	5 / 4
4 / 9	6 / 3
5 / 6	7 / 2
6 / 3	8 / 1

1 Das ist die „Neunundsiebzigerreihe“. Schreibe die Aufgaben in dein Heft und überprüfe sie mit dem Taschenrechner.

2

3 Rechne mit Hilfe der Computerstreifen:

a)	b)	c)
87 · 5	137 · 6	256 · 4
93 · 6	309 · 3	479 · 2
68 · 7	186 · 5	145 · 7
59 · 8	126 · 7	310 · 3
47 · 9	409 · 2	127 · 9

4 Erfindet weitere Aufgaben mit den Computerstreifen und lasst sie von den anderen Kindern in eurer Klasse überprüfen.

5 Pop hat noch eine Frage: „Wie multipliziere ich eigentlich mit 10, 20, 30 oder den anderen Zehnerzahlen?“.

6 Klebt alle Streifen zu den Einmaleinsreihen von 1 bis 19 auf ein Plakat. Überlegt vorher welche und wie viele Streifen ihr dazu benötigt.

Suche die Rechenfragen und beantworte sie.

Mario hat im Laufen 375 Punkte, im Weitwurf 278 Punkte und im Weitsprung 315 Punkte erzielt.

Zum Messen der Wurfweiten wird alle 2,50 m ein Schild aufgestellt. Bis zur 20-m-Marke sind alle Schilder schon aufgestellt worden.

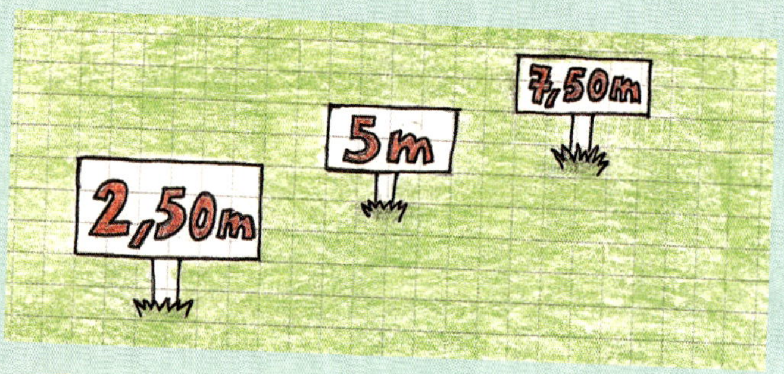

Julia hat im Laufen 325 Punkte und im Werfen 229 Punkte erreicht. Insgesamt hat sie 935 Punkte erzielt.

Helen sprang 2,86 m weit. Ihre Freundin Tabea sprang 45 cm weiter.

Stefan warf den Schlagball 24 m weit. Er warf 6,50 m weiter als sein Freund Angelo.

Viktor sprang 295 cm weit, Alena sprang 3,17 m weit.

Jana ist 8 Jahre alt.
Mit 950 Punkten könnte sie eine Ehrenurkunde erringen. Sie erzielte im Weitsprung 297 Punkte, im Weitwurf 307 Punkte und im 50-m-Lauf 342 Punkte.

Mit 1300 Punkten gab es eine Ehrenurkunde. Wenn Sven im Werfen 136 Punkte mehr erreicht hätte, hätte er eine bekommen.

Die Klasse 3b begann um 10:15 Uhr. Nach 2 Stunden und 30 Minuten wurde Chiara von ihrer Mutter abgeholt.

Lena hat zum Sportfest ein Paar neue Turnschuhe für 28,50 € und einen Trainingsanzug für 67,50 € bekommen.

Lukas hat 828 Punkte erzielt.
Mit 1000 Punkten gab es eine Siegerurkunde.

Von den 328 Kindern der Talschule hat etwa die Hälfte der Kinder eine Siegerurkunde erhalten.

Zeit

1 Wer hat Recht?

Sven sagt: „Es ist zwei Uhr und fünfundvierzig Minuten."

Michael behauptet: „Es sind fünfzehn Minuten nach halb drei."

Maren glaubt, dass es vierzehn Uhr fünfundvierzig ist.

Würdest du es noch anders sagen?

2 Wie spät ist es? Notiere die genauen Zeitangaben.

a) 9:45 Uhr   21:45 Uhr

a) 
b) 
c) 
d) 
e) 

f) 

g) 
h) 
i) 
j) 

3 Wie viel Zeit benötigst du? Schätze zunächst. Überprüfe mit der Uhr.

a) für deinen Schulweg

b) für deine Hausaufgaben

c) für das Bauen eines Turmes

d) für einen Spaziergang von 4 km

4 Möchtet ihr lieber 1000 Stunden oder 5 Wochen Ferien haben? Vergleiche mit deiner Partnerin die Dauer der Ferien.

Verschiedene sprachliche Formen für Zeitangaben kennenlernen; Uhrzeiten in analoger und digitaler Darstellung ablesen können

1

Eine Stunde hat 60 Minuten.
1 h = 60 min

Wie viele Stunden und Minuten sind es?

a) 3 h
5 h
2 h

b) 125 min
183 min
260 min

c) 75 min
600 min
350 min

d) 480 min
510 min
557 min

2

1 h = ☐ min

$\frac{1}{4}$ h = ☐ min

$\frac{1}{2}$ h = ☐ min

$\frac{3}{4}$ h = ☐ min

3 Schreibe ab und fülle aus.

h	1	$\frac{1}{2}$	$\frac{1}{4}$	$\frac{3}{4}$	4	2	3	5
min	60							

h								
min	15	30	90	120	360	240	180	300

4 Eine Schulklasse will in den Zoo fahren. Sie benötigt dafür 115 Minuten. Wie viele Stunden und Minuten braucht sie, um in den Zoo zu kommen?

5 Nina geht mit ihrer Mutter ins Kaufhaus, um ein Geschenk für ihre Freundin zu kaufen. Sie sucht und sucht. Erst nach 150 Minuten kommt sie wieder heraus.

118 118

Zielort	Flug-nummer	Einstieg	Abflug	Ankunft
Köln	9127	A 3	7:40 Uhr	8:35 Uhr
Stuttgart	4583	A 1	8:55 Uhr	10:05 Uhr
Madrid	3054	B 4	9:25 Uhr	12:25 Uhr
Frankfurt/Main	1832	C 3	11:20 Uhr	12:25 Uhr
Moskau	7311	B 3	12:00 Uhr	16:35 Uhr
Teneriffa	1346	B 5	12:55 Uhr	16:45 Uhr
Palma de Mallorca	2969	C 6	15:30 Uhr	18:00 Uhr
Paris	8075	B 2	17:15 Uhr	18:45 Uhr
London	1006	D 1	18:50 Uhr	20:05 Uhr
München	6510	A 6	20:40 Uhr	21:50 Uhr

1 Wie lange sind die Flugzeuge unterwegs?

Berlin – Frankfurt am Main   Abflug: 11:20 Uhr   Ankunft: 12:25 Uhr

Nina rechnet:

65 min oder 1 h 5 min

11:20 —40 min→ 12:00 —25 min→ 12:25

Pop rechnet:

1 h 5 min

11:20 —1 h→ 12:20 —5 min→ 12:25

Wie rechnest du?

2 Tom fliegt mit seinen Eltern in den Ferien nach Teneriffa. Das Flugzeug landet mit 35 Minuten Verspätung in Teneriffa. Wie lange war das Flugzeug unterwegs?

3 Sarah fliegt mit ihren Eltern nach Madrid. Wegen eines technischen Problems startet die Maschine erst um 10:55 Uhr.
Um wie viel Uhr kommt die Maschine jetzt in Madrid an?

Lesen und Nutzen eines Flugplanes

1 Berechne die Zeitspannen.

a) von 08:15 bis 09:05 **b)** von 06:30 bis 07:05 **c)** von 13:20 bis 15:00

2 Berechne die Zeitspannen.

a) von … bis … **b)** von … bis … **c)** von … bis …

3 Aus dem Bahnfahrplan

Abfahrt	18:10		7:50		8:40	
Fahrzeit	50 min	45 min	1 h 10 min	2 h 15 min	55 min	3 h 30 min
Ankunft		8:15		11:05		14:50

4 Aus dem Busfahrplan

Abfahrt		7:28	13:42		10:19	11:55
Fahrzeit	32 min	54 min		1 h 13 min	45 min	
Ankunft	9:45		15:18	17:02		13:07

5 Michael ist mit seinen Eltern im Urlaub. Sie machen eine Fahrrad-Tour. Um 8:30 Uhr morgens fahren sie los. Nach 30 km kommen sie am Ziel an. Michael schaut auf seine Uhr: „Es ist 10:45 Uhr.“ Wie lange waren sie unterwegs?

6 Eine Schulstunde dauert 45 Minuten. Die große Pause dauert 20 Minuten, jede kleine Pause 10 Minuten. Schulbeginn ist um 8:00 Uhr.

a) Kai hat heute vier Stunden Unterricht. Wann ist die Schule aus?

b) Wie lange dauert dein heutiger Schultag? Rechne wie in Aufgabe a).

7 David besucht mit seinen Eltern Heidelberg. Sie fahren mit dem Auto und brauchen für die Hinfahrt 1 Stunde 50 Minuten, für die Rückfahrt 2 Stunden 10 Minuten. Sie starten um 10:15 Uhr. Um 21 Uhr sind sie zurück.

Stellt unterschiedlich lange Pendel her.
Bindet dazu an das Ende einer Schnur einen kleinen schweren Gegenstand. Lasst die Pendel schwingen und vergleicht sie miteinander.

Wenn ein Pendel 100 cm lang ist und von einer Seite zur anderen schwingt, vergeht **eine Sekunde**.

Stellt selbst Sekundenpendel her und lasst es schwingen.

1 Schätzt zunächst, wie viele Sekunden es dauert.
Dann messt mit dem Sekundenpendel.

a) den Ranzen packen

b) die Schuhe binden

c) mit ausgestrecktem Arm den Ranzen halten

d) das Wort „zweitausend“ schreiben

e) die Jacke anziehen

f) die Siebenerreihe aufsagen

Das Sekundenpendel schwingt in einer Minute 60-mal.
1 Minute = 60 Sekunden 1 min = 60 s

2 Einfacher ist das Messen mit einer Stoppuhr: Wer kommt als Erster (als Letzter) an? Ordne.

Mit einem selbstgebauten Pendel Versuche machen; genormte und nicht genormte Verfahren zur Zeitmessung vergleichen

2008 – Schaltjahr
2007
2006
2005
2004 – Schaltjahr
2003
2002
2001
2000 – Schaltjahr

1 Schreibe das Datum auf zwei verschiedene Arten auf.

1. Januar	2004	–	Donnerstag
1. 1.	2004	–	Do

2 **a)** Was ist ein Schaltjahr?

b) In welchen Zeitabständen haben wir Schaltjahre?

3 Ein Jahr hat 12 Monate.

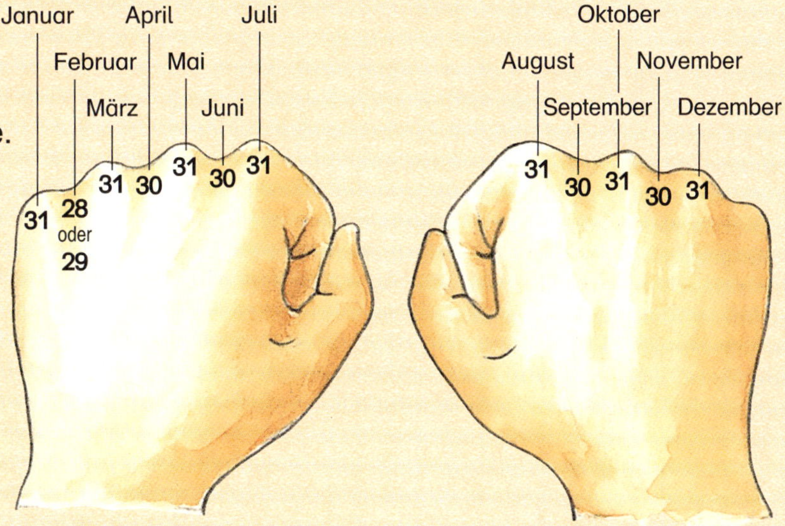

4 **a)** Wie viele Tage hat der Juni (März, August, Februar, Dezember)?

b) Welche aufeinanderfolgenden Monate haben zusammen 59 Tage?

c) Gibt es aufeinanderfolgende Monate, die zusammen 60 Tage haben?

d) Welche aufeinanderfolgenden Monate haben zusammen 62 Tage?

1	2	3	4		a)	b)	c)	
623	911	515	722	–	76	274	319	alle LQS 7

5	6	7	8		a)	b)	c)	
744	366	825	645	–	87	168	294	alle LQS 9

Schaltjahre; Faustregel

1 Schulferien-Termine 2001. Wie viele Ferientage sind es?

Land	Weihnachten 2000/2001	Winter 2001	Ostern 2001	Pfingsten 2001	Sommer 2001	Herbst 2001	Weihnachten 2001/2002
Baden-Württemberg	23.12. – 5.1.	–	9.4. – 20.4.	28.5. – 9.6.	26.7. – 8.9.	29.10. – 2.11.	22.12. – 5. 1.
Bayern	27.12. – 8.1.	–	9.4. – 21.4.	5.6. – 16.6.	26.7. – 10.9.	29.10. – 3.11.	24.12. – 5. 1.
Berlin	23.12. – 2.1.	3.2. – 17.2.	14.4. – 30.4.	–	19.7. – 1.9.	27.10. – 3.11.	22.12. – 5. 1.
Brandenburg	23.12. – 2.1.	5.2. – 16.2.	17.4. – 30.4.	–	19.7. – 1.9.	29.10. – 3.11.	24.12. – 31.12.
Bremen	22.12. – 6.1.	–	26.3. – 17.4.	–	28.6. – 11.8.	1.10. – 13.10.	24.12. – 5. 1.
Hamburg	21.12. – 2.1.	–	5.3. – 17.3.	21.5. – 26.5.	19.7. – 29.8.	15.10. – 27.10.	24.12. – 5. 1.
Hessen	27.12. – 13.1.	–	9.4. – 20.4.	–	21.6. – 3.8.	1.10. – 13.10.	24.12. – 11. 1.
Mecklenburg-Vorpommern	20.12. – 2.1.	5.2. – 16.2.	9.4. – 18.4.	1.6. – 5.6.	19.7. – 29.8.	22.10. – 27.10.	19.12. – 2. 1.
Niedersachsen	22.12. – 6.1.	29.1. – 30.1.	2.4. – 17.4.	5.6.	28.6. – 8.8.	1.10. – 13.10.	24.12. – 5. 1.
Nordrhein-Westfalen	22.12. – 6.1.	–	9.4. – 21.4.	–	5.7. – 18.8.	8.10. – 20.10.	24.12. – 5. 1.
Rheinland-Pfalz	22.12. – 5.1.	–	5.4. – 20.4.	–	28.6. – 10.8.	1.10. – 12.10.	21.12. – 4. 1.
Saarland	23.12. – 6.1.	–	9.4. – 28.4.	–	21.6. – 1.8.	1.10. – 13.10.	21.12. – 5. 1.
Sachsen	22.12. – 2.1.	12.02. – 23.02.	12.4. – 21.4.	2.6. – 5.6.	28.6. – 8.8.	8.10. – 19.10.	22.12. – 2. 1.
Sachsen-Anhalt	27.12. – 2.1.	12.02. – 24.02.	17.4. – 30.4.	–	28.6. – 8.8.	4.10. – 13.10.	20.12. – 5. 1.
Schleswig-Holstein	27.12. – 6.1.	–	9.4. – 24.4.	–	19.7. – 1.9.	22.10. – 3.11.	24.12. – 5. 1.
Thüringen	22.12. – 6.1.	5.2. – 10.2.	9.4. – 21.4.	1.6. – 5.6.	28.6. – 8.8.	15.10. – 20.10.	21.12. – 5. 1.

1 Jahr hat 365 Tage. Das sind ungefähr 52 Wochen.

2 Wie viele Monate sind sie alt?

a) Luisa 2 Jahre 4 Monate
b) Ralf 6 Jahre 7 Monate
c) Ali 8 Jahre 2 Monate
d) Rebecca 7 Jahre 5 Monate
e) Herr Schulz 39 Jahre 1 Monat

3 1 Woche hat 7 Tage. Wie viele Tage sind

a) 12 Wochen; 4 Wochen; 9 Wochen; 10 Wochen?

b) 3 Wochen, 6 Tage; 7 Wochen, 3 Tage; 11 Wochen, 4 Tage; 5 Wochen, 5 Tage?

4 Wie viele Wochen und Tage sind

a) 25 Tage; 18 Tage; 9 Tage?

b) 31 Tage; 80 Tage; 100 Tage?

c) 5 Tage; 42 Tage; 53 Tage?

a) 5 · 13
5 · 15
5 · 17

b) 14 · 7
16 · 8
18 · 9

c) 70 : 5
190 : 10
133 : 7

d) 200 : □ = 10
160 : □ = 10
130 : □ = 10

e) □ · 6 = 72
□ · 4 = 72
□ · 9 = 72

8 12 13 14 16 18 19 19 20 65 75 85 98 128 162

1 Wie spät ist es?

2 Wie viele Stunden sind es?

120 min
480 min
240 min
360 min
540 min

3 Wie viele Stunden und Minuten sind es?

150 min
65 min
230 min
375 min
584 min

4 Nimm den Kalender von diesem Jahr. Suche folgende Tage heraus: Tag der Einheit, Nikolaus, deinen Geburtstag, Ostern, einen für dich besonderen Tag. Schreibe Tag, Monat und Wochentag auf.

5

von	6:45	7:55	9:34	11:28		
bis	8:10	8:30			20:45	24:00
Dauer			2 h 6 min	65 min	90 min	5 h 10 min

6 Wie viele Sekunden sind es?

a) 3 min, 1 min
b) 5 min, 10 min
c) 5 min 38 s, 7 min 20 s
d) 2 min 30 s, 6 min 15 s

7 Wie viele Minuten und Sekunden sind es?

a) 130 s
b) 55 s
c) 210 s
d) 385 s
e) 480 s

Halbschriftliches Multiplizieren und Dividieren

1

Ines rechnet die Aufgabe 236 · 4 mit dem Streifencomputer.

236 · 4 = 944

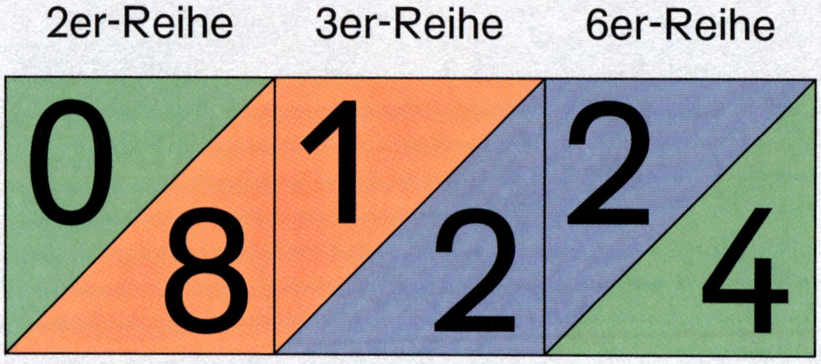

Max rechnet so:

236 · 4 = 944
200 · 4 = 800
30 · 4 = 120
6 · 4 = 24
800 + 120 + 24 = 944

Nina meint, man könnte 240 mal 4 rechnen und dann 16 abziehen.

Schreibt eure gefundenen Lösungswege auf ein Plakat. Erklärt eure Rechenwege den anderen Kindern.

a) Erklärt die Rechenwege.
b) Findet ihr noch einen anderen Weg?
c) Hat Nina richtig gerechnet?
d) Rechnet die zweite Aufgabe aus, die an der Tafel steht.
e) Rechnet wie Ines, wie Max oder wie Nina. Vielleicht findet ihr aber auch einen ganz anderen Weg, wie ihr die Aufgaben ausrechnen könnt …

Halbschriftliches Multiplizieren; unterschiedliche Rechenwege verstehen; eigene Rechenwege finden; gemeinsames Lernen durch eine Mathekonferenz

Rechnet auch diese Aufgaben entweder mit eurem eigenen Weg oder so wie Ines, Max oder Nina gerechnet haben.

1	2	3	4	5	6
32 · 3	88 · 2	43 · 7	209 · 5	165 · 6	279 · 3
23 · 6	79 · 5	25 · 8	112 · 9	237 · 4	444 · 2
88 · 8	99 · 9	77 · 7	555 · 2	119 · 8	487 · 2

7 Die vier Ergebnisse ergeben zusammen immer 1000.

a)	b)	c)	d)	e)
116 · 2	56 · 4	67 · 5	157 · 2	26 · 8
98 · 2	64 · 4	49 · 5	93 · 2	33 · 8
197 · 2	101 · 4	28 · 5	19 · 2	29 · 8
89 · 2	29 · 4	56 · 5	231 · 2	37 · 8

8 Die beiden Ergebnisse ergeben zusammen immer 1008.

a)	b)	c)	d)
76 · 6	69 · 7	127 · 3	150 · 4
92 · 6	75 · 7	209 · 3	102 · 4

e)	f)	g)	h)
74 · 9	54 · 8	128 · 3	186 · 4
38 · 9	72 · 8	208 · 3	66 · 4

9 Nina möchte sich einen CD-Player kaufen. Er kostet 149 €. Sie schlachtet ihr Sparschwein und findet vier 20-€-Scheine, drei 10-€-Scheine, elf 2-€-Münzen und fünfzehn 1-€-Münzen. Hat Nina genug gespart?

10 Julian und seine beiden Schwestern trinken jeden Tag zusammen drei Liter Milch. Wie viel Liter Milch trinken die Kinder in einem Jahr?

11 Der Parkplatz der Nordschule wird neu gepflastert. Die Stadt hat schon 7 Paletten mit jeweils 144 Pflastersteinen geliefert. Wie viele Steine sind das?

1 Rechnet die Aufgaben wie Pop und Nina oder versucht einen eigenen Lösungsweg zu finden.

a)	b)	c)	d)	e)
78 : 3	162 : 6	288 : 8	608 : 8	483 : 7
96 : 8	216 : 9	378 : 7	126 : 3	369 : 9
95 : 5	104 : 2	105 : 3	176 : 4	396 : 4

f) Erfinde eigene Divisionsaufgaben. Multiplikationsaufgaben können dir dabei helfen.

2 Bastian hat 196 neue Sticker gesammelt. In seinem Album werden 7 Sticker auf eine Seite geklebt. Es gibt noch 30 freie Seiten.

Halbschriftliches Dividieren; Zusammenhang zwischen Dividend, Divisor, Quotient und Rest erkunden und klären

LolliPop Ihr braucht drei verschiedenenfarbige Spielwürfel (z. B. rote, blaue und gelbe). Die gewürfelten Augen werden miteinander multipliziert. Vielleicht könnt ihr euch die Würfel selbst herstellen?

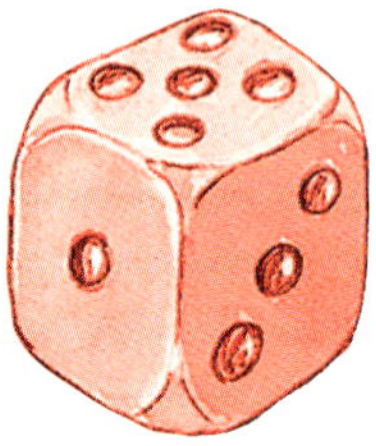

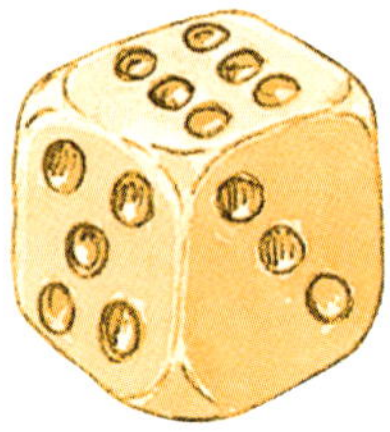

$6 \cdot 3 \cdot 5 = 90$

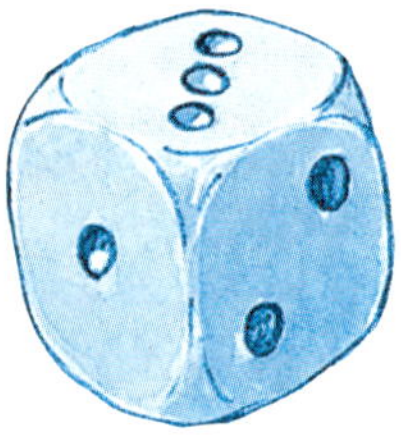

1
- **a)** Wie viele verschiedene Malaufgaben findet ihr?
- **b)** Schätzt zuerst die Anzahl. Zwanzig? Weniger oder mehr?
- **c)** Ordnet die gewürfelten Aufgaben und schreibt sie ins Heft.
- **d)** Wie lautet die kleinste Ergebniszahl?
- **e)** Wie heißt die größte Ergebniszahl?

2 Pop hat einen ganz besonderen Würfel gefunden:
Pop spielt und rechnet wie in Aufgabe 1.
Er benutzt zwei Spielwürfel und einen Zauberwürfel, den ihr euch basteln könnt.
- **a)** Wie viele verschiedene Malaufgaben kann er finden?
- **b)** Wie heißt jetzt die kleinste und wie die größte Ergebniszahl?
- **c)** Wie heißt die kleinste und die größte Ergebniszahl, wenn Pop nur noch mit einem Spielwürfel und mit zwei Zauberwürfeln spielt?

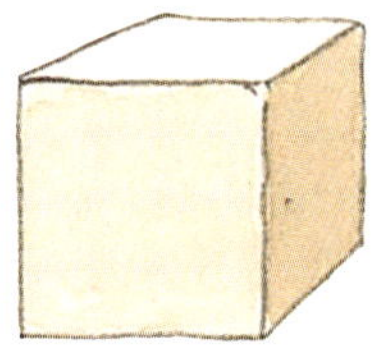

Beklebt ihn mit diesen Zahlen:
0, 6, 7, 8, 9, 10

3 Wer hat Recht?
Wie können wir das überprüfen?

Rechnen, spielen und lernen mit dem Würfel;
Fortsetzung der Würfelaktivitäten aus dem 2. Schuljahr;
Erfahrungen zu Zufall und Wahrscheinlichkeit sammeln

129 129

1 Berkan hat viermal mit einem ganz normalen Würfel gewürfelt. Er hat dabei nacheinander die Augenzahlen 6, 5, 4 und noch einmal die 6 gewürfelt. Er behauptet: „Wenn ich alle Zahlen multipliziere, dann fehlen mir noch 280 um 1000 zu erreichen.“ Hat Berkan richtig gerechnet?

2 Würfelt und erfindet dazu ähnliche Aufgaben wie Berkan. Lasst die Ergebnisse von eurem Nachbarn überprüfen.

LolliPop

3 Würfelt viermal mit einem Würfel und multipliziert die Augenzahlen. Wie viel muss zu eurem Ergebnis addiert werden, um 1000 zu erreichen?

4 Welches ist das größtmögliche Ergebnis, das ihr erreichen könnt, wenn ihr die Augenzahlen von 4 Würfen multipliziert?

5 **Möglichst nah an 1000.**
Ihr benötigt einen Würfel, einen Bleistift und euer Rechenheft. Würfelt zunächst zweimal und multipliziert die Würfelaugen. Schreibt das Ergebnis auf. Würfelt noch einmal und multipliziert die Augenzahl mit dem aufgeschriebenen Ergebnis. Schreibt auch das neue Ergebnis auf.
Spielt und rechnet so weiter …
Aber Achtung! Wer über 1000 kommt hat verloren.

Till hat aufgeschrieben:
$5 \cdot 4 = 20$
$20 \cdot 3 = 60$
$60 \cdot 5 = 300$

Britta hat aufgeschrieben:
$6 \cdot 6 = 36$
$36 \cdot 3 = \square$

$30 \cdot 3 = 90$
$6 \cdot 3 = 18$

$36 \cdot 3 = 108$

Was würdet ihr Till raten?
Warum kann Britta noch einmal würfeln?

Liebe Nina,

du weißt ja, dass ich in der Zahlenwelt mit deiner Hilfe ganz viel gelernt habe. Ich habe mir für dich ein paar Aufgaben überlegt und bin gespannt, wie du sie lösen wirst. Viel Spaß beim Rechnen.

Dein Pop

1
8 · 8
7 · 6
9 · 9
7 · 7
5 · 4
9 · 7

2 Rechne diese Aufgaben aus dem Einmaleins mit großen Zahlen.

8 · 15	4 · 16
6 · 13	9 · 19
7 · 14	5 · 17

3 Mein Lieblingszehnerzahlenmuudi.

Wie heißt dein Lieblingszehnerzahlenmuudi?

4 Zwischen 40 und 75 gibt es mehrere Zahlen aus dem Einmaleins. Finde möglichst viele Einmaleinszahlen. In welchen Reihen kommen sie vor?

5 Ein paar Divisionsaufgaben.

a)	b)	c)
120 : 4	810 : 9	123 : 4 = □ Rest □
350 : 7	480 : 8	356 : 7 = □ Rest □
371 : 7	512 : 8	367 : 7 = □ Rest □
366 : 6	445 : 5	649 : 3 = □ Rest □

6
6 · 5 · 4
7 · 6 · 5
8 · 7 · 6
9 · 8 · 7
6 · 6 · 6
7 · 7 · 7
8 · 8 · 8
9 · 9 · 9

Schreibe auf, wie du gerechnet hast.

7 Wochen, Tage, Stunden und Minuten.

a) 12 Wochen und 3 Tage sind wie viele Tage?
b) Der November hat 30 Tage. Wie viele Stunden sind das?
c) Eine Fahrt dauert 5 Stunden. Wie viele Minuten sind das?
d) Die Klasse 3 b hat heute 4 Stunden Unterricht. Wie viele Minuten sind das?
e) Wie viele Minuten Unterricht hast du heute?

Symmetrie

1 Übertrage die Ornamente auf Karopapier und setze sie nach rechts und links fort.

Der holländische Künstler M. C. Escher hat dieses Bild mit gleichen Figuren ausgelegt. Man nennt das **Parkettierung**.

Verwende diese Muster für Parkettierungen nach allen Seiten (links, rechts, oben und unten).

2

3

1 Stelle einen Spiegel auf die rote Linie und überprüfe, ob die Gebäude auf beiden Seiten gleich, also symmetrisch sind.

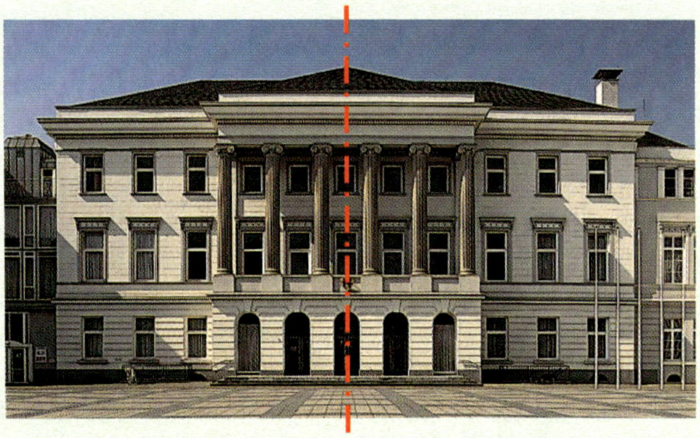

2 Übertrage die Figuren auf Karopapier, schneide sie aus und überprüfe durch Falten, ob sie symmetrisch sind.

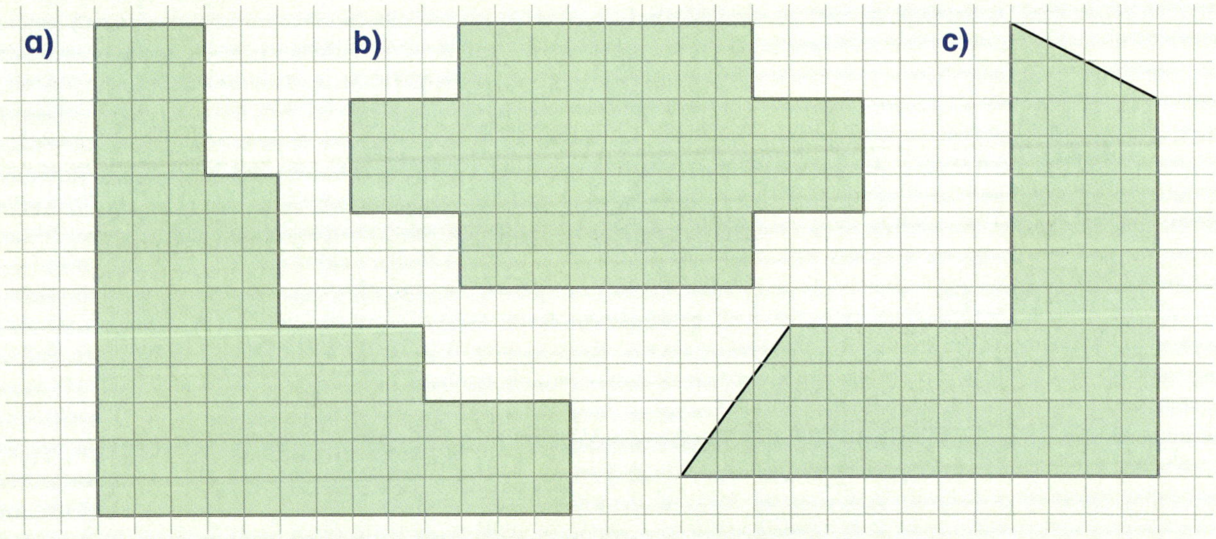

3 Falte Papier und schneide symmetrische Figuren aus.

Die Faltlinie heißt Symmetrieachse.

Übertrage die Figuren auf Karopapier und zeichne die Symmetrieachsen ein.
Manche Figuren haben mehrere Symmetrieachsen.

1

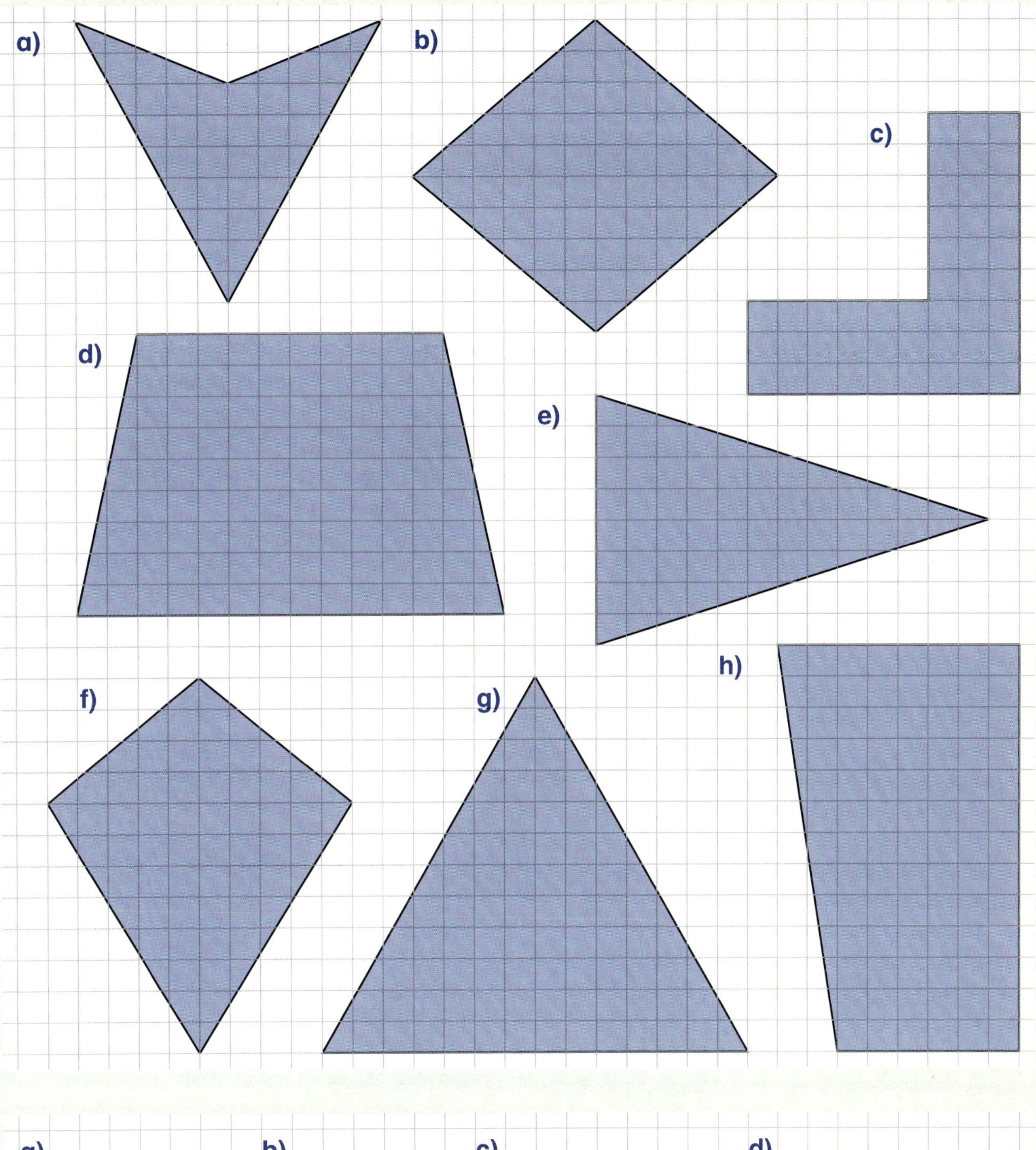

2

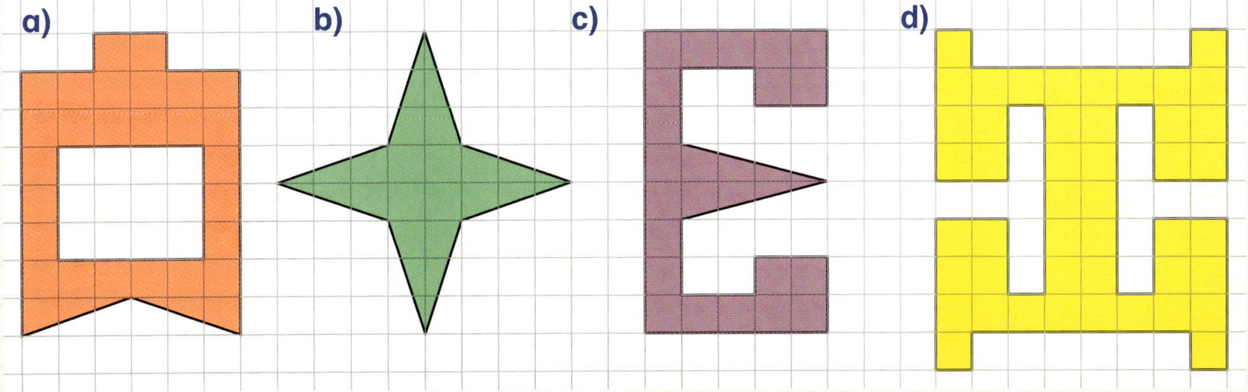

Vorkenntnisse nutzen (messen, Eckpunkte bestimmen),
um Figuren zu übertragen und auszuschneiden;
durch Falten der Figuren oder zeichnerisch die Symmetrieachsen finden

Zeichne die Figuren ab und ergänze sie symmetrisch.

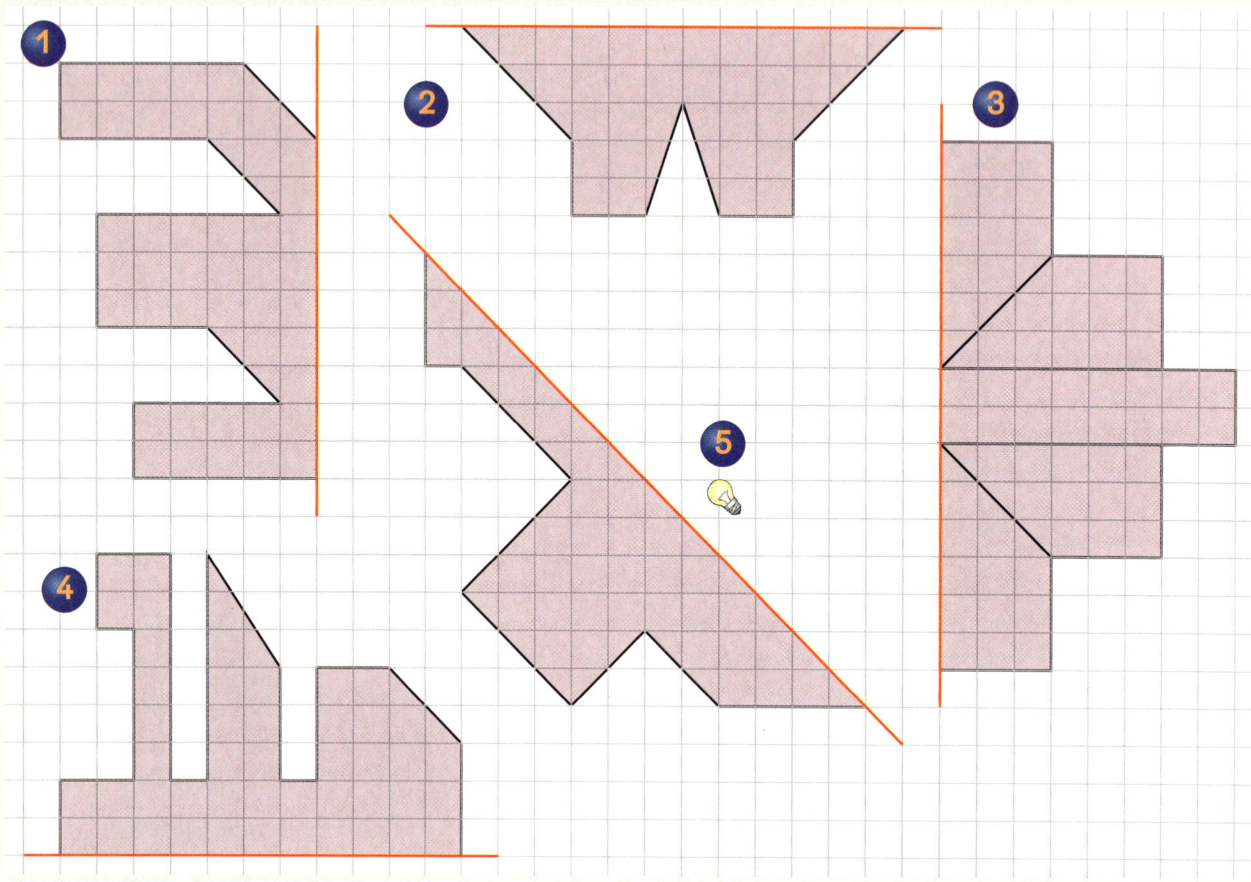

💡 Zeichne die Figuren ab. Sie sollen nach rechts, links, oben und unten symmetrisch ergänzt werden.

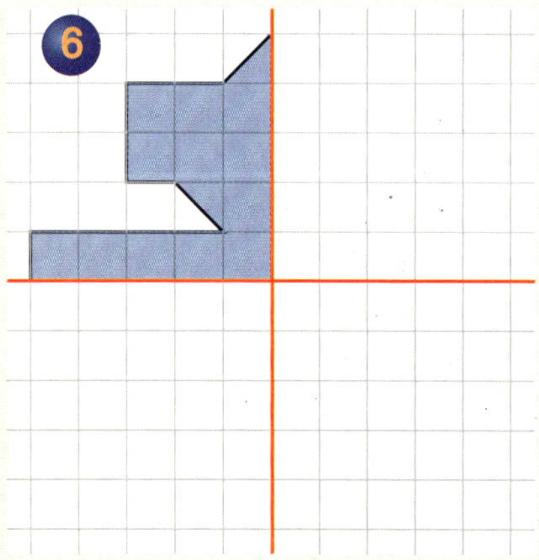

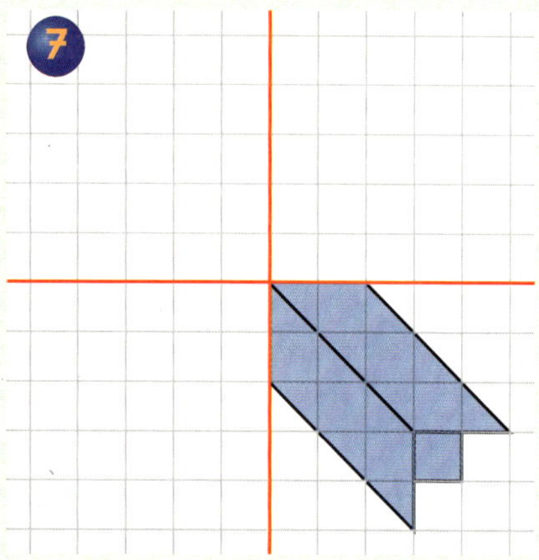

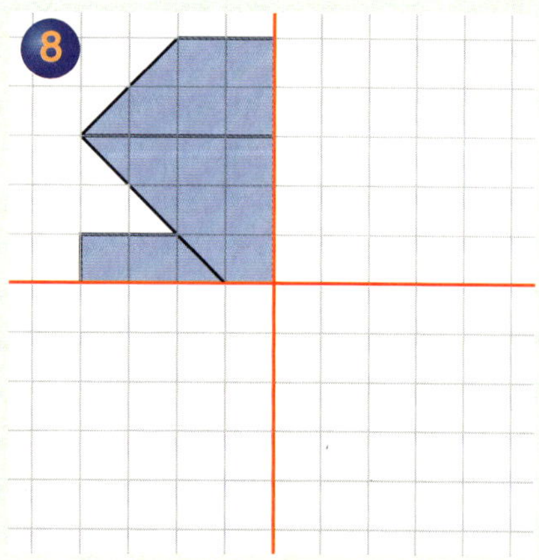

a)	108 + 41 + 350	(LQS 4)	**e)**	751 − 125 − 87	(LQS 8)
b)	266 + 411 + 12	(LQS 5)	**f)**	603 − 46 − 386	(LQS 9)
c)	43 + 650 + 204	(LQS 6)	**g)**	458 − 163 − 69	(LQS 1)
d)	213 + 64 + 401	(LQS 3)	**h)**	888 − 591 − 128	(LQS 7)

❶ – ❺ Symmetrisches Ergänzen von Figuren an unterschiedlich ausgerichteten Symmetrieachsen ❻ – ❽ Durch Mehrfachspiegelungen an zwei Achsen, die sich senkrecht schneiden, entstehen Figuren mit einem Mittelpunkt; um diesen Punkt können die Figuren mit einer Halbdrehung wieder zur Deckung gebracht werden

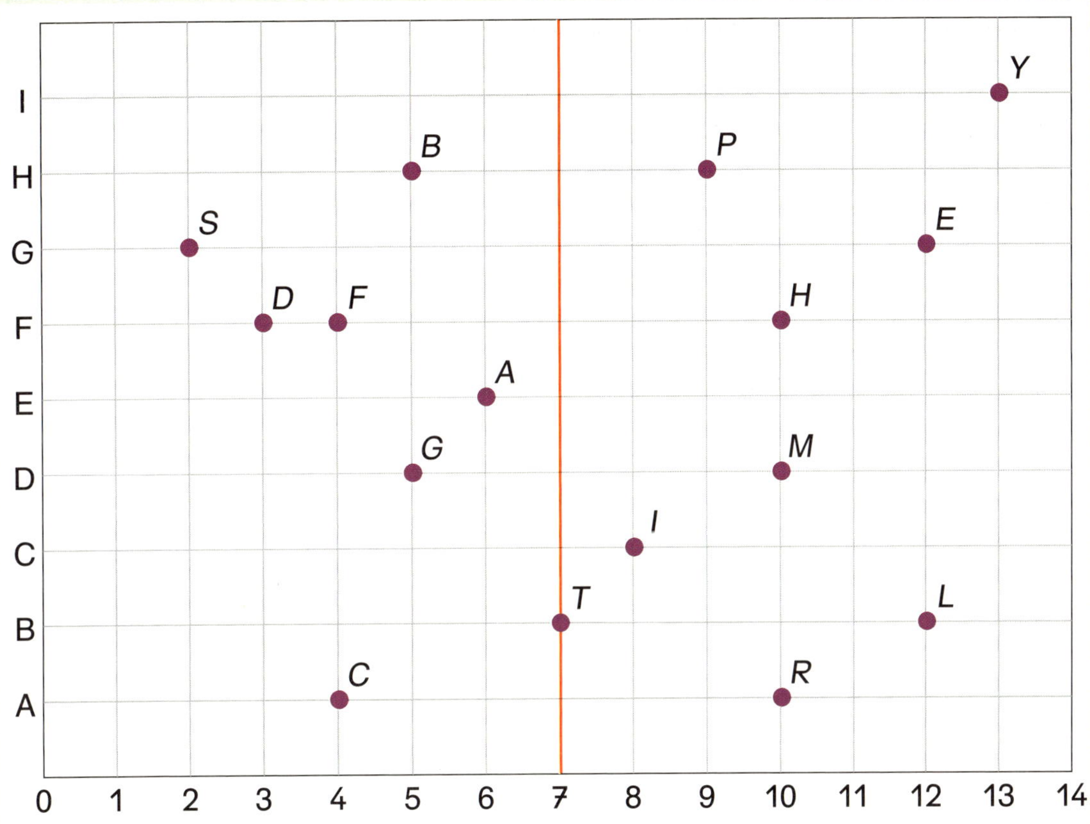

1 Beschreibe die Lage der Punkte.

B liegt auf H 5.

2 Suche die Punktpaare, die symmetrisch zueinander liegen.

B liegt symmetrisch zu *P*.

3 Einige Punkte haben kein Spiegelbild. Welche sind es?

Das Spiegelbild von *Y* müsste auf I 1 liegen.

4 Geheimschrift:

G 2	H 9	C 8	G 12	D 5	G 12
B 12	E 6	A 4	F 10	G 2	G 12

5

Der Wellensittich
und
sein Spiegelbild.
Findest du die 5 Fehler
in dieser Abbildung?

A

Ein Bauernhof im Schwarzwald

Lage:
Einzellage, umgeben von Wiesen und Wäldern
So wohnen Sie:
Doppelzimmer bzw. Einzelzimmer mit Dusche, WC, SAT-TV, Telefon
Ausstattung:
Speiseraum, Garten, Liegewiese, Sonnenterrasse, Produkte aus eigener Landwirtschaft

Zusätzliche Angebote: Ponyreiten im Preis, Mitarbeit in den Stallungen und auf dem Feld erlaubt. Freibad und Hallenbad im nächsten Ort.
Preise pro Tag/Person in €: Halbpension: 24 €, Vollpension: 30 €
Kurtaxe: 1 € pro Person und Tag
Sonstiges: Kinder bis 11 Jahre halber Preis; Haustiere nicht erlaubt

B

Ein Bauernhof im Münsterland

Lage:
am Waldrand gelegen
So wohnen Sie:
Appartements mit SAT-Farb-TV, Bad/WC, Telefon, Balkon
Typ B:
3 Raum-Appartement für 2 Erwachsene und 2 Kinder, Wohnraum mit 1 Schlafcouch, 1 Schlafraum mit 2 Betten, 1 Doppelzimmer mit Etagenbett, Küche.

Preise je Tag:
54 €
Haustiere:
erlaubt, 3 € pro Tag
Kurtaxe:
keine
Zusatzangebote:
Ponyreiten 4 € je Stunde,
Bootsverleih 2,50 € je Stunde,
Hallenbad

1 Berit (9 Jahre) und Kim (10 Jahre) wollen mit ihren Eltern 10 Tage Ferien auf dem Bauernhof machen.
Zwischen 2 Angeboten will sich Familie Witt entscheiden.
Spielt in einer Mathekonferenz das Gespräch nach. Für welches Angebot entscheidet ihr euch?

2 Was bedeuten diese Bilder?

Was bedeutet:
Vollpension, Halbpension, Kurtaxe, Zusatzangebote?

Anregungen zu einem Projekt „Ferien auf dem Bauernhof" bearbeiten; mathematische Vorkenntnisse situationsgerecht und sinnvoll anwenden

1 Viele Fragen

a) Wie viele Personen fahren auf den Bauernhof?
b) Wie viele Tage will Familie Witt Urlaub machen?
c) Was kostet das Ponyreiten auf dem Mühlenhof?
d) Muss auf beiden Höfen zusätzlich Kurtaxe bezahlt werden?
e) Darf Familie Witt ihren Hund auf beide Höfe mitnehmen?
f) Wie sehen die Zusatzangebote aus?

2 Viele Rechenfragen

a) Was müsste Familie Witt auf dem Mühlenhof für Vollpension bezahlen?
b) Wie viel müsste die Familie für 10 Tage Urlaub mit Vollpension auf dem Mühlenhof bezahlen?
c) Was müsste Familie Witt auf dem Waldhof für 10 Tage Unterkunft bezahlen?

3 Familie Witt macht Urlaub auf dem Waldhof.

4 Oma bringt am 3. Tag den Hund nach. Er war krank vor Sehnsucht. Wie viel muss für den Hund bezahlt werden?

5 Wie weit ist es? Es gibt oft mehrere Ergebnisse.

a) von **A** nach **D**
b) von **B** nach **E**
c) von **E** nach **A**
d) von **C** nach **F**

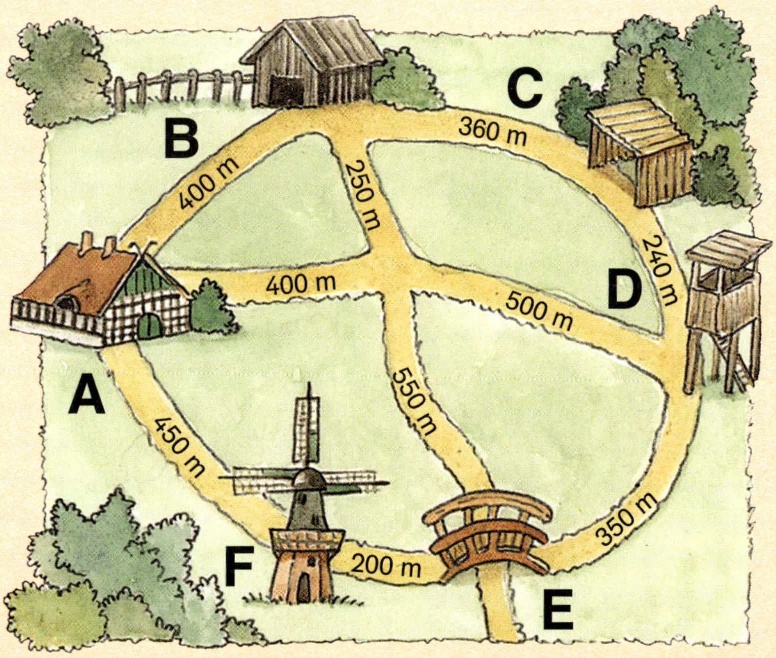

6 Welche Wege sind die Reiter vom Bauernhof und zurück geritten?

a) 1 km 900 m war der Weg.
b) 2 km 300 m war der Weg.

7 Bilde weitere Aufgaben.

1 Bauer Erwin meint: Die wichtigsten Tiere auf dem Bauernhof sind meine Kühe.

Eine Kuh gibt etwa 14 Liter Milch am Tag. Aus 400 Litern Milch gewinnt man etwa 14 kg Butter und 360 Liter fettarme Milch. Vor 100 Jahren gaben die Kühe etwa 3 Liter Milch am Tag. Ein Bulle kann 1000 kg wiegen. Eine Kuh frisst etwa 40 kg Futter am Tag.

Ziegen geben 2 – 3 Liter Milch am Tag. Auch Schafe geben etwa 2 – 3 Liter Milch am Tag.

Ein Huhn legt je nach Rasse bis zu 300 Eier im Jahr. Wildhühner (z. B. Rebhühner) legen nur etwa 10 Eier im Jahr.

Die Säue werfen zweimal im Jahr etwa 10 Ferkel. Für 1 Ferkel bekommt Bauer Erwin etwa 15 €.

Viele Rechenaufgaben

1 Bauer Erwin hat 15 Milchkühe.
- **a)** Wie viel Milch kann er täglich abliefern?
- **b)** Wie viel Milch hätten 15 Kühe vor 100 Jahren ungefähr gegeben?

2 Wie viel kg Butter könnten monatlich ungefähr aus der Milch einer Kuh gewonnen werden?

3 Wie viel kg Futter braucht Bauer Erwin täglich für seine Kuhherde?

4 Wie viel Geld könnte der Bauer im Jahr für die Ferkel einer Sau erzielen?

5 Bauer Erwin hat 8 Zuchtsäue.

6 Ein Hühnerei kann für etwa 12 Cent verkauft werden. Wie viel Geld könnte der Bauer für die Eier einer Henne im Jahr bekommen?

7 Bilde weitere Aufgaben zu den Angaben.

Linie 10	Marktplatz – Schulzentrum – Steinbach							
Haltestellen	montags – freitags							
	ab				an			
Marktplatz		7:05	10:05	15:05		9:40	14:10	17:40
Sandweg		7:12	10:12	15:12		9:33	14:03	17:33
Sandkuhle		7:24	10:24	15:24		9:21	13:51	17:21
Habichtswald		7:30	10:30	15:30		9:15	13:45	17:15
Schulzentrum		7:45	10:45	15:45		9:00	13:30	17:00
Hallenbad		7:48	10:48	15:48		8:57	13:27	16:57
Steinbach	an	8:15	11:15	16:15	ab	8:30	13:00	16:30

1 Berit, ihr Bruder Kim und zwei weitere Ferienkinder wollen mit dem Bus zum Hallenbad fahren. Sie müssen am Marktplatz einsteigen.

a) Welchen Bus nehmen sie wohl? Um 14:30 Uhr wollen sie zum Ponyreiten wieder auf dem Bauernhof sein.

b) Wie lange fahren sie bis zum Hallenbad?

c) Dauert die Fahrt mit allen Bussen gleich lang?

d) Wie lang sind die Fahrzeiten auf dem Rückweg?

e) Ein Bus fährt um 7:05 Uhr hin, ein Bus fährt um 13:00 Uhr zurück. Warum sind das günstige Fahrzeiten?

2 Wie lange waren die Kinder im Hallenbad?

a) Beginn Ende

b) Beginn Ende

3 Was müssen die 4 Kinder zusammen bezahlen?

4 Berit und Kim fahren nach einer Woche noch einmal mit ihren Eltern ins Hallenbad.

5 Du gehst mit deiner Familie ins Hallenbad. Wie viel müsstet ihr zusammen mindestens bezahlen?

Das Eichhörnchen lebt im Wald.

Es ist meist 20 cm lang und hat noch einen 25 cm langen buschigen Schwanz.

Mit seinen scharfen Krallen kann es gut klettern. Geschickt springt es von Baum zu Baum. Bei seinen Sprüngen, die bis zu 5 m weit sein können, benutzt es seinen Schwanz zum Steuern und Balancieren. Es ernährt sich von Samen, Nüssen, Knospen, Eiern und Jungvögeln.

Im Nest oder „Kobel“ kommen 3 bis 7 Junge auf die Welt. Diese wiegen bei der Geburt 8 bis 12 g und werden 5 bis 6 Wochen von der Mutter gesäugt.

Wenn die jungen Eichhörnchen 7 Monate alt sind, können sie selbst wieder Junge bekommen.

Im Winter schläft das Eichhörnchen meistens 3 Monate lang in seinem Kobel. Nur ab und zu holt es sich Nahrung aus seinen angelegten Verstecken.

Ein Eichhörnchen wird bis zu 12 Jahre alt.

1. Wie groß ist ein Eichhörnchen vom Kopf bis zur Schwanzspitze? Vergleiche diese Länge mit deiner Körpergröße.

2. Erkundige dich, wie schwer du bei deiner Geburt warst. Vergleiche dieses Gewicht mit dem Gewicht der neugeborenen Eichhörnchen.

3. Wie viele Monate hat ein Eichhörnchen in seinen 12 Lebensjahren verschlafen?

4. Wenn ein Eichhörnchen ungefähr 4,50 m weit springt, ist es ein Vielfaches seiner Körperlänge gesprungen.

   Vergleiche:

   a) Ein 3 mm großer Floh kann 60 cm weit springen.

   b) Eine Heuschrecke (6 cm groß) schafft 1,80 m.

   c) Der Weltrekord beim Weitspringen für uns Menschen liegt bei 8,95 m.

   d) Wie weit kannst du springen? Vergleiche mit der Sprungweite eines Eichhörnchens.

Informationsentnahme mathematisch zu verwertender Daten aus einem Sachtext; die Daten werden verglichen mit Ergebnissen von anderen Tieren bzw. mit den eigenen Werten

1 Kohlmeisen sind fleißige Eltern. Wenn die Jungen ausgeschlüpft sind, fliegen die Altvögel unermüdlich zum Nest und bringen Futter für die immer hungrigen Jungen. Es wurde beobachtet, dass manche Vogelmutter täglich bis zu 400-mal mit Futter zum Nest fliegt. Wie oft fliegt sie in einer Woche?

2 Im Buchfinknest sind 5 Junge. Wenn jedes von ihnen täglich etwa 150 Insekten frisst, haben die Altvögel viel zu tun. Wie viele Insekten müssen sie täglich (in einer Woche) fangen?

3 Am 29. Mai sind die Buntspecht-Jungen ausgeschlüpft. Wann haben die Eltern zu brüten begonnen? Wann verlassen die jungen Buntspechte das Nest?

4 Rauchschwalben können in einer Stunde bis zu 65 km zurück legen. Wie weit können sie kommen, wenn sie 6 Stunden ununterbrochen fliegen?

5 Ein Schwalbenpaar bringt täglich etwa 350 Insekten zum Nest. Außerdem verzehren sie selbst täglich rund 200 Insekten. Wie viele Insekten vernichten sie am Tag?

6 Ein Amselpärchen hat am 25. Mai zu brüten begonnen. Wann schlüpfen die Jungen aus und wann verlassen sie das Nest?

7 Der Haussperling kann in einer Sekunde mit seinen Flügeln 13-mal schlagen. Wie viele Flügelschläge kann er in einer Minute machen?

Vogel	Größe	Gewicht	Eier	Brutzeit	Junge im Nest	Bruten im Jahr
Kohlmeise	14 cm	um 20 g	7 bis 13	12 bis 14 Tage	18 Tage	1
Amsel	25 cm	100 g	3 bis 6	11 bis 14 Tage	12 Tage	2 bis 3
Haussperling (Spatz)	15 cm	30 g	3 bis 6	11 bis 14 Tage	16 Tage	2 bis 3
Gimpel (Dompfaff)	15 cm	30 g	4 bis 5	13 bis 14 Tage	16 – 18 Tage	2 bis 3
Rauchschwalbe	19 cm	20 g	3 bis 7	12 bis 18 Tage	3 Wochen	2
Zaunkönig	9,5 cm	9 g	5 bis 8	14 bis 16 Tage	15 – 18 Tage	2
Buchfink	15 cm	20 g	3 bis 6	12 bis 13 Tage	12 – 13 Tage	2
Buntspecht	23 cm	80 g	4 bis 6	11 bis 12 Tage	3 Wochen	1

142 142

Du benötigst folgendes Material:

- *Müllsack oder Plastikfolie (mindestens 85 cm hoch und 110 cm breit)*
- *Zeitungspapier für die Schablone*
- *2 Rundhölzer, 6 mm stark und 80 cm lang*
- *2 Rundhölzer, ca. 3 cm lang*
- *1 Metallring*
- *Paketklebeband*
- *Drachenschnur*
- *Bügelsäge oder Laubsäge*
- *Zollstock, Lineal*
- *Schere, Bleistift*

... und so baust du deinen Schlittendrachen:

1. Zeichne die Drachenschablone (Abb. 1) auf ein großes Stück doppelt liegendes Zeitungspapier und schneide sie sorgfältig aus.

2. Lege die aufgeklappte Schablone auf die Plastikfolie oder den aufgeschnittenen Müllsack und zeichne den Umriss auf.

3. Schneide die Drachenhaut vorsichtig aus.

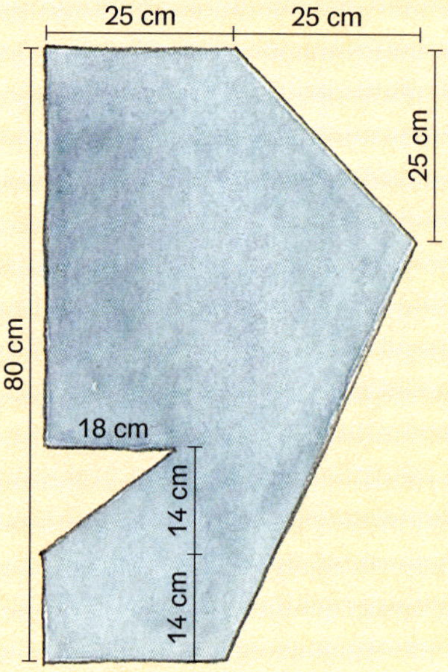

Abbildung 1: Drachenschablone

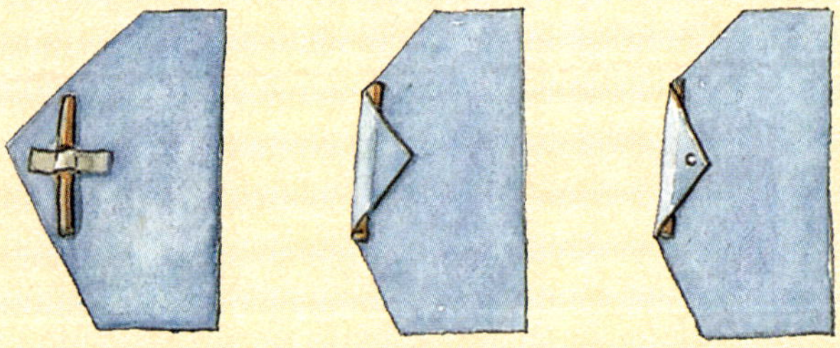

Abbildung 2: Drachenohren

4. Klebe in die Ohren des Drachens die 3 cm langen Rundhölzer und steche direkt vor die Hölzer ein kleines Loch. (Abb. 2)

5. Lege die 80 cm langen Rundhölzer auf die Drachenhaut und befestige sie mit Klebeband. (Abb. 3)

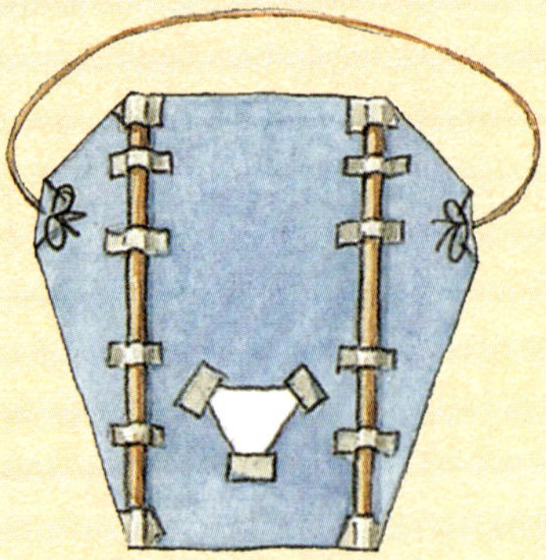

Abbildung 3: Drachenunterseite

6. Verstärke die Drachenohren und den Mund ebenfalls mit Klebeband.

7. Schneide 2 m Drachenschnur ab und verknote die Enden an den Ohren des Drachens.

8. Bestimme die Mitte der Schnur und befestige dort den kleinen Metallring mit einem Buchtknoten. (Abb. 4)

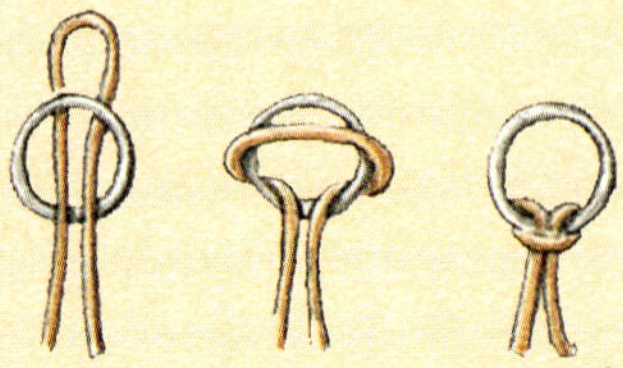

Abbildung 4: Buchtknoten

Peter und sechs seiner Freunde möchten sich jeweils einen Schlittendrachen bauen. Peter soll das Material besorgen. Was muss er einkaufen?

Alle Kinder in eurer Klasse wollen einen Schlittendrachen bauen. Wie viel Material müsst ihr einkaufen? Müllsäcke gibt es in Zehnerpackungen. Wie viel Euro müsst ihr bezahlen? Was kostet ein Schlittendrachen?

Drachenschnur ist sehr teuer. Ihr könnt auch eine Maurerschnur benutzen. Fragt auch nach den Preisen.

Erkundigt euch in einem Baumarkt nach den aktuellen Preisen für Rundhölzer (werden in 1 m Länge angeboten), Paketklebeband und Metallringen (hier könnt ihr auch Unterlegscheiben nehmen).

Wichtig! Die Drachenschnur darf höchstens 100 m lang sein. Der Drachen darf sich nicht einer Stromleitung nähern.

Wichtig! Wenn ein Gewitter aufzieht muss der Drachen sofort gelandet werden.

Tipps

Arbeitshandschuhe beim Start nicht vergessen.

Zur Befestigung des Drachens an der Drachenschnur braucht ihr noch einen kleinen Karabinerhaken.

Der Drachen muss gegen die Windrichtung gestartet werden.

Bevor ihr die ersten Startversuche unternehmt, überlegt euch genau, wo man bei euch Drachen steigen lassen darf.

Aus den Resten der Müllsäcke kann man lustige Drachenschwänze bauen. Der Schlittendrachen fliegt aber auch ohne Schwanz.

145 144

1 Schätze.
Wie viele Klinkersteine sind ungefähr in dieser Hauswand?

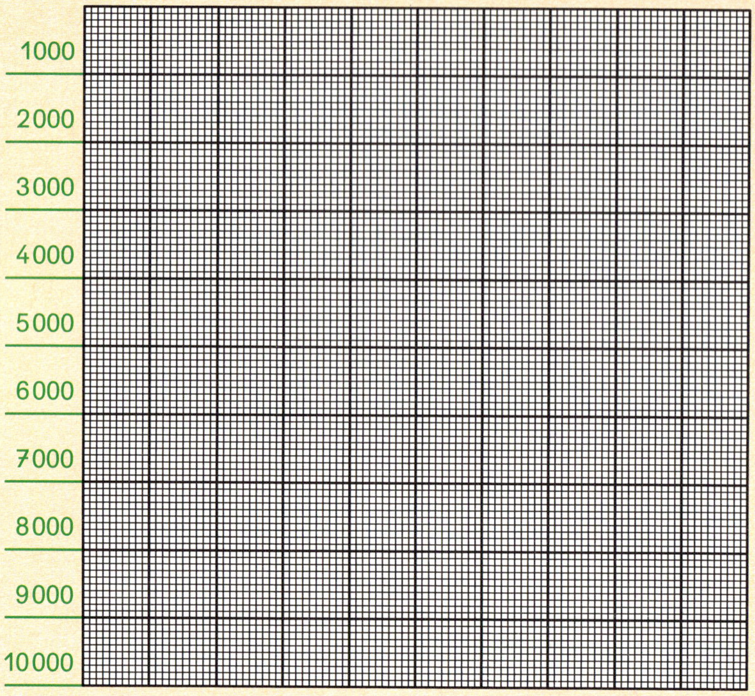

2 Wie viele sind es?

a)

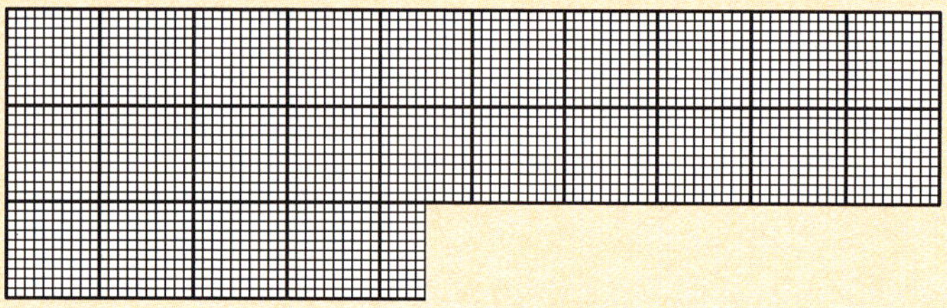

b)

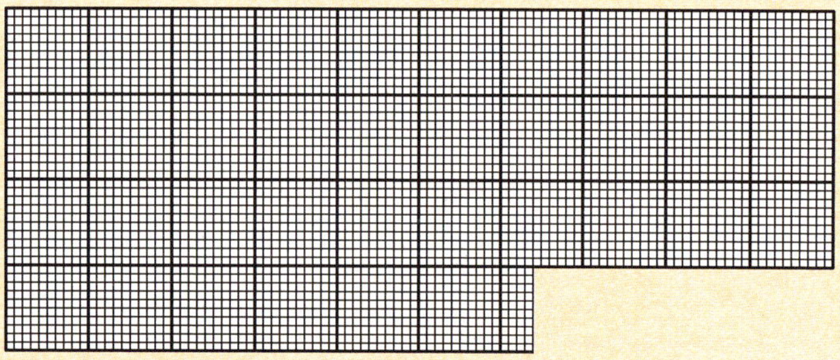

3 Zeige am Zehntausender:
2400, 3500,
6700, 9800, 9990.

4

T	H	Z	E	
2	3	4	0	➜ 2000 + 300 + 40 = 2340
4	8	2	5	➜
6	3	0	4	➜
3	5	6	4	➜
8	6	6	3	➜

5 Trage in eine Stellenwerttafel ein. Wie heißt die Zahl?

a) 2000 + 300 + 50 + 4
6000 + 200 + 30 + 6
4000 + 500 + 10 + 1
8000 + 100 + 20 + 2
9000 + 900 + 90 + 9

b) 3000 + 20 + 4
6000 + 600 + 60 + 7
8000 + 1
7000 + 700
4000 + 600 + 70 + 9

c) 1000 + 400 + 7
3000 + 5
9000 + 90 + 9
5000 + 500 + 50 + 5
7000 + 2

Vorbereitung auf den erweiterten Zahlenraum über 1000 hinaus